◆ 依托"全国自然资源遥感综合调查与信息系统建设"项目
◆ 采用国产高分辨率数据
◆ 室内解译与野外实地调查相结合

京津自然资源及
生态环境遥感调查

詹骞　田淑芳◎著

知识产权出版社

全国百佳图书出版单位

—北京—

图书在版编目（CIP）数据

京津自然资源及生态环境遥感调查/詹骞，田淑芳著. —北京：知识产权出版社，2021.11

ISBN 978 – 7 – 5130 – 7826 – 9

Ⅰ.①京… Ⅱ.①詹… ②田… Ⅲ.①生态环境—环境遥感—调查研究—华北地区 Ⅳ.①X87②X321.22

中国版本图书馆 CIP 数据核字（2021）第 234784 号

责任编辑：江宜玲　　　　　　　　　　　　　　责任校对：王　岩

封面设计：回归线（北京）文化传媒有限公司　　责任印制：孙婷婷

京津自然资源及生态环境遥感调查

詹　骞　田淑芳　著

出版发行：知识产权出版社 有限责任公司	网　　址：http：//www.ipph.cn
社　　址：北京市海淀区气象路 50 号院	邮　　编：100081
责编电话：010 – 82000860 转 8339	责编邮箱：jiangyiling@cnipr.com
发行电话：010 – 82000860 转 8101/8102	发行传真：010 – 82000893/82005070/82000270
印　　刷：北京虎彩文化传播有限公司	经　　销：各大网上书店、新华书店及相关专业书店
开　　本：720mm×1000mm　1/16	印　　张：10.25
版　　次：2021 年 11 月第 1 版	印　　次：2021 年 11 月第 1 次印刷
字　　数：168 千字	定　　价：58.00 元

ISBN 978 – 7 – 5130 – 7826 – 9

前　言

自然资源及生态环境遥感调查是一项重要的国土生态地质环境调查工作，摸清自然资源与生态环境的家底，对做好经济发展规划、搞好经济建设、促进社会进步具有十分重要的意义。京津地区位于"京津冀北部水源涵养重要区"和"太行山区水源涵养与土壤保持重要区"这两个重要生态功能区，查清京津地区的自然资源及生态环境状况，对保护京津地区自然资源与生态环境具有重要的作用，可为京津地区战略实施、区域经济社会发展、国土管护提供数据支撑与决策依据。

我们依托"全国自然资源遥感综合调查与信息系统建设"项目，采用国产高分辨率数据，按照室内解译与野外实地调查相结合、面上开展与点上剖析相结合、调查与研究相结合的工作思路，分层次开展了京津地区自然资源及生态环境的遥感调查，基本查明了京津地区自然资源及生态环境（耕地、园地、林地、草地、其他土地及地表水等）因子类型和空间分布状况，摸清了京津地区自然资源及生态环境的现状，提出了"京津冀一体化"发展战略实施中自然资源管理与生态地质环境保护的对策建议。

全书共六章，第一章介绍了此次自然资源及生态环境遥感调查工作所依托的项目概况、京津地区概况、自然资源及生态环境遥感调查的技术路线及技术标准；第二章介绍了自然资源及生态环境遥感调查的工作方法与技术流程，包括遥感数据的处理、信息提取、野外验证及成果成图；第三章介绍了京津地区自然资源（耕地、园地、林地、草地、其他土地及地表水等）的分布现状及动态分析；第四章介绍了京津地区生态环境（荒漠化土地、湿地、海岸带等）的分布现状及动态分析；第五章以潮白河、永定河的河道占用，京津地区国家自然保护区自然资源及生态环境分析为例，阐述了成果的应用；第六章总结了此次遥感调查工作。

本书由詹骞、田淑芳撰写。具体写作分工如下：第一章、第二章由田淑芳执笔，第三章、第四章由詹骞执笔，第五章由田淑芳执笔，第六章由詹骞执笔。全书由詹骞统一定稿。硕士研究生叶蓓、何超、张耀华、陈东磊、夏玉计等参加了第二章至第五章的资料收集和部分内容的撰写。

感谢中国地质调查局自然资源航空物探遥感中心所提供的项目支持，感谢中国地质大学（北京）地质调查研究院的支持与帮助。

限于作者水平，书中的错误与不妥之处恳请读者批评指正！

詹骞

2021 年 4 月

目　录

第一章

京津自然资源及生态环境遥感调查项目

第一节 项目概况

一、项目依托

根据中国地质调查局的部署安排，受中国地质调查局国土资源航空物探遥感中心（2019 年更名为中国地质调查局自然资源航空物探遥感中心）委托，中国地质大学（北京）承担了京津地区自然资源及生态环境的遥感调查工作，工作起止时限为 2017 年 1 月至 2017 年 12 月。

工作任务：完成京津地区耕地、园地、林地、草地、其他土地及地表水等的遥感调查数据更新，生成 2017 年工作区自然资源及生态环境现状和变化数据；编制自然资源及生态环境系列图件；综合研究自然资源及生态环境空间分布与变化规律，为国土空间管护提供科学依据。

二、京津地区概况

本项目的遥感调查工作涉及北京、天津两个城市，共 32 个区，其中北京市 16 个区，天津市 16 个区（见表 1 - 1）。

（一）北京市概况

北京市位于东经 115.7° ~ 117.4°，北纬 39.4° ~ 41.6°，中心位于北纬

39°54′20″，东经 116°25′29″，总面积 16410.54 平方千米。北京市地处华北平原北部，毗邻渤海湾，北靠辽东半岛，南临山东半岛。

表1-1 京津地区涉及县级行政单位

地区	县级行政单位个数（个）	县级行政单位
北京市	16	东城区、西城区、朝阳区、丰台区、石景山区、海淀区、门头沟区、房山区、通州区、顺义区、昌平区、大兴区、怀柔区、平谷区、密云区、延庆区
天津市	16	和平区、河东区、河西区、南开区、河北区、红桥区、东丽区、西青区、津南区、北辰区、武清区、宝坻区、滨海新区、宁河区、静海区、蓟州区

北京市山区面积 10200 平方千米，约占总面积的 62%；平原区面积为 6200 平方千米，约占总面积的 38%。北京的地形西北高，东南低。西部为西山，属太行山脉；北部和东北部为军都山，属燕山山脉。最高的山峰为京西门头沟区的东灵山；最低的地面为通州区东南边界。北京市平均海拔 43.5 米。北京市平原的海拔高度在 20~60 米，山地一般海拔为 1000~1500 米。

北京市气候为典型的北温带半湿润大陆性季风气候，夏季高温多雨，冬季寒冷干燥，春、秋短促。全年无霜期为 180~200 天，西部山区较短。2007 年北京市平均降雨量 483.9 毫米，为华北地区降雨最多的地区之一。北京市降水季节分配很不均匀，全年降水的 80% 集中在夏季 6 月、7 月、8 月三个月，7 月、8 月有大雨。北京市天然河道自西向东贯穿五大水系：拒马河水系、永定河水系、北运河水系、潮白河水系、蓟运河水系。河流多由西北部山地发源，向东南蜿蜒流经平原地区，最后分别汇入渤海。北京市没有天然湖泊，有水库 85 座，其中大型水库有密云水库、官厅水库、怀柔水库、海子水库。

（二）天津市概况

天津市地处华北平原北部，东临渤海，北依燕山，位于东经 116°43′~118°04′，北纬 38°34′~40°15′，中心位于东经 117°10′，北纬 39°10′。天津市位于海河下游，地跨海河两岸，南北长 189 千米，东西宽 117 千米；陆界长 1137 千米，海岸线长 153 千米。

天津市地貌总轮廓为西北高而东南低。天津市有山地、丘陵和平原三种地形，其中平原约占93%。除北部与燕山南侧接壤之处多为山地外，其余地区均属冲积平原，蓟州区北部山地为海拔千米以下的低山丘陵。靠近山地地区是由冲洪积扇组成的倾斜平原，呈扇状分布；倾斜平原往南是冲积平原，东南是滨海平原。

天津市地处北温带，位于中纬度亚欧大陆东岸，主要受季风环流的支配，是东亚季风盛行的地区，属暖温带半湿润季风性气候。天津市临近渤海湾，海洋气候对天津市的影响比较明显。天津市四季分明，春季多风，干旱少雨；夏季炎热，雨水集中；秋季气爽，冷暖适中；冬季寒冷，干燥少雪。因此，春末夏初和秋天是到天津市旅游的最佳季节。天津市冬半年多西北风，气温较低，降水也少；夏半年受太平洋副热带暖高压加强影响，以偏南风为主，气温高，降水也多；有时会有春旱。天津市的年平均气温约为14℃，7月最热，月平均气温为28℃；历史最高气温是41.6℃；1月最冷，月平均气温为-2℃；历史最低气温是-17.8℃。天津市年平均降水量在360~970毫米。

第二节　项目技术路线

一、技术路线

自然资源及生态环境遥感更新调查是一项重要的国土生态地质环境调查工作，总体思路是以科学发展观为指导，以快速发展的遥感技术为调查手段，以国土资源部（2018年更名为自然资源部）和中国地质调查局已经开展的工作为基础，采取政府部门指导、产学研相结合的工作方式，坚持一切从国家整体利益出发、实事求是的原则，坚持"统一组织、统一思想、统一方法、统一标准、统一进度"的原则，紧密围绕总体目标任务，在系统分析利用前人已有工作成果的基础上，以最新国产高分辨率数据为基准数据，以多期次遥感数据为监测对比数据，应用3S技术，结合野外调查等手段，开展多要素、全分辨率自然资源及生态环境遥感综合调查，形成系列专题图件与成果数据。通过变化信息遥感动态监测，逐步建立自然资源与生态环境全天候全要素监测技术体系。

本项目组通过室内解译与野外实地调查相结合、面上开展与点上剖析相结合、调查与研究相结合的工作思路，分层次验证开展京津冀鲁地区自然资源和生态地质环境遥感更新调查与动态监测，获取京津冀鲁地区自然资源和生态地质环境因子类型和空间分布状况；完成京津冀鲁地区自然资源和生态地质环境遥感更新调查成果入库工作；摸清京津冀鲁地区自然资源和生态地质环境现状与变化信息；研究林地信息自动提取方法、林地全分辨率遥感解译应用示范、林地缩图方法以及全国林地空间分布与变化规律，并综合分析京津冀鲁地区自然资源和生态地质环境分布的变化规律，提出"京津冀一体化"发展战略实施过程中自然资源管理与生态地质环境保护的对策建议，为国家、地方管理部门及社会公众提供科学依据，为"一带一路"建设、区域经济社会发展、国土管护等提供支撑与决策依据。

为了确保项目顺利进行，在子项目实施过程中，项目组采用以下技术路线，如图1-1所示。

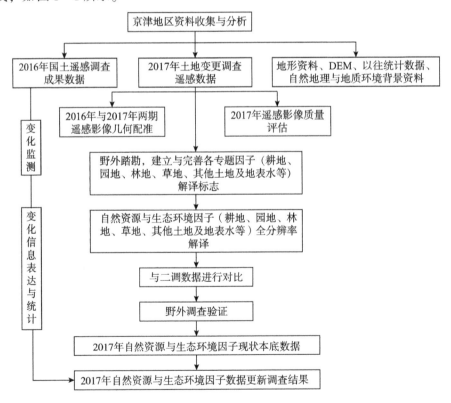

图1-1　技术路线

二、质量要求与技术指标

(一) 技术指标

严格按照中国地质调查局质量和管理要求以及有关技术规定进行本项目的成果质量控制。工作中主要参照使用以下标准或规范进行质量控制：

(1)《遥感影像地图制作规范 (1：50000、1：250000)》(DD2011—01)；

(2)《基础地理信息数字产品 1：10000、1：50000 数字高程模型》(CH/T 1008—2001)；

(3)《基础地理信息数字产品 1：10000、1：50000 数字正射影像图》(CH/T 1009—2001)；

(4)《地质灾害危险性评估规范》(DZ/T 0286—2015)；

(5)《1：50000 地质图地理底图编绘规范》(DZ/T 0157—95)；

(6)《地质图用色标准及用色原则 (1：50000)》(DZ/T 0179—1997)；

(7)《区域环境地质勘查遥感技术规程 (比例尺 1：50000)》(DZ/T 0190—1997)；

(8)《1：250000 地质图地理底图编绘规程》(DZ/T 0191—1997)；

(9)《数字化地质图图层及属性文件格式》(DZ/T 0197—1997)；

(10)《1：25000 1：50000 地形图编绘规范》(GB 12343—90)；

(11)《区域地质图图例 (1：50000)》(GB 958—99)；

(12)《国家基本比例尺地形图分幅和编号》(GB/T 13898—2012)；

(13)《区域水文地质工程地质环境地质综合勘查规范 (比例尺 1：50000)》(GB/T 14158—93)；

(14)《影像地图印刷规范》(GB/T 14510—93)；

(15)《地图用公共信息图形符号通用符号》(GB/T 17695—1999)；

(16)《数字测绘产品质量要求第一部分：数字线划地形图、数字高程模型质量要求》(GB/T 17941.1—2000)；

(17)《数字测绘产品检查验收规定和质量评定》(GB/T 18316—2001)；

(18)《工程地质调查规范 (1：2.5 万~1：5 万)》(DZ/T 0097—1994)；

(19)《中国湖泊名称代码》(SL 261—98);

(20)《中华人民共和国行政区划代码》(GB/T 2260—2013);

(21)《地质环境遥感监测技术要求(1:250000)》(DZ/T 0296—2016);

(22)《中国地质调查局地质图空间数据库建设工作指南》;

(23)《国土基础信息数据分类与代码》(GB 13923—92)。

(二)质量要求

1. 解译精度

根据各专题因子特点,解译工作以年度土地利用变更遥感监测数据和补充的国产卫星遥感数据为数据源,根据已建立的遥感解译标志,借助 ArcGIS、MapGIS 等空间数据处理软件进行室内人机交互目视全分辨率解译,建立矢量图层,采用较为圆滑的曲线,对各因子的最小分类类型(二级分类)进行图斑精准勾绘,圈定不同类型、级别的要素图斑的空间范围,并添加属性,确保实现全分辨率遥感数据解译。

根据卫星数据的空间分辨率情况,要求 1 米和优于 1 米分辨率的影像数据采用 1:5000 精度解译,分辨率处于 1~2 米的影像数据采用 1:10000 精度解译,放大到规定比例尺后,最小上图图斑规格为 2mm×2mm,形成全分辨率初步解译结果。

对各因子现状信息进行勾绘,在信息提取过程中,类型边界与实际地物完全吻合,能够真实、客观地反映各因子的现状空间分布信息。

通过野外调查验证,修正完善遥感解译标志,并全面检查复核初步解译结果。在此基础上,填写现状属性数据结构表,形成详细解译成果,为各因子遥感综合调查提供重点区本底数据。

通过将年度遥感解译获取的各因子本底数据与以往成果对比,圈定图斑新生、增加、减少、消亡变化范围,并填写变迁属性结构表,形成动态变化数据。

在全分辨率林地解译矢量的基础上,形成 1:50000 或 1:250000 编图矢量。

面积量算应以县域为基本控制范围,利用不同的系统统计模块进行量算。

如果量算面积与省域面积不相符合，应按面积比例进行平差，并自下而上逐级进行汇总。

2. 野外调查精度

遥感初步解译图编制后，结合野外调查，应对初译成果进行实地查证。要求查证率应为遥感解译点、线数量的 5%～20%。遥感解译点、线查证的合格率分别按遥感解译程度分区要求：

(1) Ⅰ类遥感解译良好区，查证合格率≥80%。

(2) Ⅱ类遥感解译中等区，查证合格率≥70%。

(3) Ⅲ类遥感解译差区，查证合格率≥60%。

第二章

工作方法与技术流程

第一节　遥感数据源的接收与处理

一、遥感数据源的选择

本项目所使用的遥感影像由中国地质调查局国土资源航空物探遥感中心统一收集、整理、分发。全分辨率解译、1：25 万和 1：5 万自然资源遥感调查监测，数据源主要为京津地区国产卫星遥感数据（包括高分一号卫星 2 米分辨率全色数据、资源一号 02C 卫星 2.36 米分辨率全色数据、高分二号卫星 1 米分辨率全色数据、资源三号卫星 2 米分辨率全色数据和 5 米分辨率多光谱数据）和土地变更调查所用遥感数据。

二、影像数据源分析

项目组对接收到的影像数据类型进行了统计，详见表 2 –1、表 2 –2。

表 2-1 2016 年京津地区影像数据类型

北京市		天津市	
区域	数据源	区域	数据源
东城区	BJ2	和平区	SPOT7，BJ2
西城区	BJ2	河东区	SPOT7，BJ2
朝阳区	BJ2	南开区	SPOT7
丰台区	BJ2，GF-2	河北区	P1，SPOT7，BJ2
石景山区	BJ2，GF-2	红桥区	SPOT7
海淀区	BJ2，GF-2	滨海新区	CB04，BJ2，DE2，GF-1，GF-2，SPOT7，P1
门头沟区	BJ2，GF-2，P1	东丽区	BJ2
房山区	BJ2，GF-2，P1，PLB	西青区	DE2，P1，SPOT7，BJ2
通州区	BJ2	津南区	SPOT7，DE2
顺义区	BJ2	北辰区	P1，BJ2
昌平区	GF-2，BJ2	武清区	BJ2，ZY3，P1
大兴区	BJ2	宝坻区	P1，BJ2
怀柔区	BJ2，GF-2	河西区	DE2，SPOT7，BJ2
平谷区	BJ2	宁河区	DE2，BJ2，GF-1，P1
密云区	BJ2，GF-2，ZY3	静海区	P1，BJ2，SPOT7
延庆区	BJ2，GF-2，ZY3	蓟州区	GF-1，GF-2，BJ2
		天津岛屿*	GF-2，BJ2

注：*天津岛屿区域图件针对海岸带的研究而收集。

本项目所用影像涉及多种遥感数据源，具体信息如下：

P1：普莱雅一号卫星，数据质量较好，色彩层次丰富，可清晰识别较小的自然资源类型，可解译程度高。

GF-2：高分二号卫星，数据质量较好，色彩层次丰富，数据纹理清晰，可清晰识别自然资源类型，可解译程度较高。

GF-1：高分一号卫星，空间分辨率较低，可确定图斑边界，但纹理特征不清晰，难以判断林地三级分类，可解译程度较低。

BJ2：北京二号卫星，数据质量一般较好，色彩层次丰富，可清晰识别较小的自然资源类型，可解译程度高。

ZY3：资源三号卫星，作为补充数据，总体来说该数据可识别大部分自然资源类型，纹理较为清晰。

SPOT7：地球观测 7 号卫星，色彩层次丰富，数据纹理清晰，可清晰识别自然资源类型。

PLB：普莱雅卫星 B，彩色影像，细节不够清楚，可解译程度较低。

DE2：西班牙 Deimos－2 光学遥感卫星，数据质量较好，色彩层次丰富，可清晰识别较小的自然资源类型，可解译程度高。

CB04：中巴资源四号卫星，黑白影像，数据色调单一，纹理不清晰，细节不够清楚。

表 2－2　2016 年京津地区影像数据类型释义

名称	影像分辨率（m）	备注
P1	0.5	普莱雅一号卫星
GF－2	1	高分二号卫星
GF－1	2	高分一号卫星
BJ2	1	北京二号卫星
ZY3	2	资源三号卫星
SPOT7	2	地球观测 7 号卫星
PLB	0.5	普莱雅卫星 B
DE2	1	西班牙 Deimos－2 光学遥感卫星
CB04	5	中巴资源四号卫星

三、数据质量检查

根据《全国国土遥感综合调查技术要求》的相关要求，结合收集到的地形控制资料，项目组对接收到的遥感数据源进行了检查，主要包括几何校正精度、云量/雾霾情况、影像配准情况、辐射校正情况、波段配准情况。

为了保证解译精度，项目组用工作区基础地理底图数据进行了精度检验，选取了几十个控制点（控制点的选择以道路交叉口、标志性建筑为主），控制点误差小于 1 个像元，这个精度可以满足工作区国土遥感综合调查全分辨率解译精度要求，如图 2－1 和图 2－2 所示。

图 2-1 控制点选择方式

POINT_ID	IMAGE1X	IMAGE1Y	IMAGE2X	IMAGE2Y	SCORE	ERROR
1	21268.99	14067.14	5318.50	3514.30	0.6745	0.5359
2	21297.99	26292.14	5325.50	6570.55	0.6026	0.2439
3	11584.00	9183.14	2897.00	2294.55	0.6465	0.5193
4	20055.99	21379.14	5015.25	5342.55	0.6131	0.3559
5	11569.00	7983.14	2893.50	1994.30	0.6794	0.4100
6	17644.99	7985.14	4412.25	1994.80	0.7217	0.4253
7	21327.99	16536.14	5333.25	4132.05	0.8107	0.3730
8	21317.99	12882.14	5330.75	3218.30	0.6272	0.3910
9	13999.00	4287.14	3500.75	1070.30	0.6819	0.3196
10	9160.00	1870.14	2291.00	466.05	0.6727	0.2303
11	22522.99	26281.14	5631.50	6567.80	0.6863	0.2256
12	18894.99	5507.14	4725.00	1374.55	0.6144	0.4790
13	5515.00	17725.14	1379.25	4429.55	0.7280	0.5089
14	14052.00	10407.14	3514.00	2600.30	0.6807	0.3440
15	12792.00	9198.14	3199.00	2298.05	0.7841	0.3055
16	18859.99	22605.14	4716.00	5649.05	0.6355	0.1670
17	4269.00	7950.14	1068.25	1985.55	0.8369	0.4181
18	6739.00	3964.14	1685.75	764.30	0.6034	0.4830

RMS Error: 0.268375

图 2-2 影像校正误差

同时,虽然总体上工作区两期影像配准精度较高,基本符合解译要求,但是存在个别地区匹配不准确、边界差距明显的问题,特别是山地地区容易出现地形误差,降低了解译的精度。对此,项目组针对存在误差的两期影像进行了多次配准，以达到解译精度要求，保证解译的准确性。图2-3所示为房山地区南部2015年度与2016年度影像的误差及校正情况。

图2-3　房山地区南部两期影像误差及校正情况

根据《全国自然资源遥感综合调查与信息系统建设技术要求（2017年）》的相关要求，结合收集到的地形控制资料，项目组对接收到的遥感数据源进行了遥感数据精度检查，并填写了遥感数据质量检查表。

四、投影系统

1:5万~1:25万调查和编图地图投影采用高斯-克吕格投影，6度分带，平面坐标系采用1980西安坐标系；高程系统采用1985国家高程基准，IUG1975椭球体。为了数据使用方便，1:100万遥感图像和综合编图与全国生态地质环境遥感调查项目一致，投影参数采用兰伯特等角圆锥投影、第一纬度25°、第二纬度47°、投影原点0°、中央经线105°、1980西安坐标系。

五、辐射校正

辐射校正主要指对遥感图像上的霾和薄云进行去除。霾和薄云的存在反映在遥感影像上，会降低影像的对比度，并稍稍增加影像的亮度；所以霾和薄云的去除，实质上就是通过滤波的手段，修正霾和薄云区影像的像元值，使其趋于正常。

目前改变影像亮度、对比度的方法主要针对单波段遥感影像进行，而对于彩色遥感影像，可以将它分成 RGB 三个通道，去霾和薄云的过程就是在每个通道单独进行滤波运算，然后再合成。实际上霾和薄云在 RGB 三个通道内的分量并不是完全相同的，一般在蓝色通道比较强，而在红、绿色通道相对较弱，因此在合成彩色影像以后，将出现彩色信息失真或者信息丢失的现象，导致去霾和薄云的目视效果不明显。为了解决这一问题，在滤波运算过程中，对低频中的霾或薄云进行滤波时，不能对三个通道采用相同的截止频率进行处理，而要区别对待；在各通道分别去掉云分量后合成时，各通道亦要按照不同的系数进行合成。对滤波较大的通道给一个较小的系数来合成，使彩色遥感影像在去除霾及薄云的同时，也保持影像的彩色信息不失真。

六、几何校正

京津大部分山区地形平缓，仅部分地区地形切割度较大。因此本项目组以质量检查评价后的 2015 年土地利用变更数据为基准影像，对 2016 年度土地利用变更数据以及示范区各期影像数据做了几何配准，使其精度达到项目组调查的需求，如图 2－4 和图 2－5 所示。

配准前   配准后

图 2－4　配准前后对比

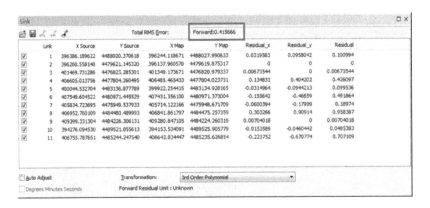

图 2 - 5　影像配准误差

七、图像增强

为了准确地进行各调查因子的解译工作，项目组对 GF - 2 遥感数据进行了增强处理（波段彩色合成、比值增强、主成分分析），以突出图像中的地物特征，确定不同地物之间的边界，加大地物之间的差异，提高目视解译精度，详见表 2 - 3。

表 2 - 3　图像增强前后对比

图像增强方式	处理前后对比
波段彩色合成	
比值增强	

续表

图像增强方式	处理前后对比
主成分分析	

第二节　信息提取方法和精度控制

一、信息提取方法

自然资源与生态环境因子包括耕地、园地、林地、草地、其他土地及地表水等。在野外踏勘所建立解译标志的基础上，以人机交互解译为主，计算机自动信息提取为辅，以保证信息提取精度。同时辅以 2016 年京津冀鲁地区国土遥感综合调查成果数据和第二次全国土地调查数据，以提高解译精度，加快解译进度。

（一）人机交互解译

人机交互解译是在计算机屏幕上，借助先进的遥感图像处理软件直接圈定和勾画目标物或地质界线等。在计算机屏幕上实现信息提取，可以任意放大或缩小，精确地确定位置或追索边界。

国土遥感综合调查需要解译的对象种类繁多，类型复杂，应遵循"从已知到未知、先易后难、逐步解译"的原则，充分利用各种分析推理方法进行解译。常用的方法有直接判读法（根据遥感影像目视判读直接标识，直接确定目标地物属性与范围）、历史对比法（由已知地物推出未知目标地物，包括同类地物对比分析法、空间对比分析法和时相动态对比法）、信息综合法（利用其他专题信息与遥感图像重合，根据专题图或地形图提供的多种辅助信息，识别遥感影像上目标地物）、综合推理法（综合考虑遥感影像多种解译特征，结合生活常识，分析、推断某种目标地物）、地理相关分析法（根据地理环境中各种地理要素之间相互依存、相互制约的关系，借助专业知识，分析推断某种地理要素性质、类型、状况与分布）。上述方法在具体应用中需要交错使用，但在某一解译过程中，某一方法可以占据主导地位。

（二）计算机自动提取与人机交互解译相结合

为了准确地进行各调查因子的解译工作，需对遥感数据进行增强处理，以突出图像中的地物特征，加大地物之间的差异，提高目视解译精度。根据本次遥感解译的目标，项目组运用最新的国产高分辨率遥感影像数据，针对不同地物类型，如耕地、林地等因子，根据不同波段的反射和吸收的特性，运用一定的波段组合等图像增强技术，突出某一类地物，既提高了解译工作的效率，又能提高解译精度，同时运用人机交互解译的方式，勾勒出图斑的轮廓。

二、精度控制

为了实现全分辨率遥感数据解译的目标，以便为全国自然资源遥感综合调查提供本底数据，项目组按照项目总要求，依据遥感影像底图能够识别最精细地物的尺度进行解译。

根据卫星数据的空间分辨率情况，项目组要求优于 1 米分辨率的影像数据采用 1∶5000 精度解译，分辨率处于 1~2 米的影像数据采用 1∶10000 精度解译，放大到规定比例尺后，最小上图图斑规格为 2mm×2mm，形成全分辨率初步解译结果。具体勾绘方法如图 2-6 所示。

图 2-6 所示为分别采用 1∶10000 和 1∶5000 比例尺解译的图斑（遥感数据源为空间分辨率为 0.5 米的 P1 数据），全分辨率解译建议采用优于 1∶5000 比例尺。1∶10000 解译比例尺图斑边界更为准确，面积更为精准，能够真实、客观地反映各因子的现状空间分布信息。

具体解译步骤如下。

1：10000比例尺　　　　　　　　1：5000比例尺

图 2 - 6　全分辨率勾绘前后对比

（一）本底数据的初步解译

根据建立的耕地、园地、林地、草地、其他土地及地表水等遥感解译标志，借助 ArcGIS 等空间数据处理软件，进行室内人机交互目视解译，分别建立矢量图层，采用较为圆滑的曲线，对各专题因子类型的最小分类类型（二级类）进行图斑勾绘，圈定不同类型、级别的要素图斑的空间范围，并添加属性，得到各专题因子的初步全分辨率遥感解译图。

（二）遥感解译标志的修改与补充

开展野外检查验证，对初步解译阶段建立的遥感解译标志进行修改与补充。解译标志确定后，根据色调、颜色、形态、影纹结构、分布位置等特征确定各专题因子的遥感影像特征，以指导详细解译。

（三）详细解译

根据修正完善后的遥感解译标志，全面检查复核各调查专题的初步解译图，检查图斑的定性、定位是否正确，图斑是否精准勾绘，分布和变化规律是否协调，图斑和相关要素的编号、注记等属性有无遗漏等，通过修改形成详细解译成果。在详细解译过程中，类型边界与实际地物需要完全吻合，使之能够真实、客观地反映专题因子的现状空间分布信息，为京津地区自然资源遥感综合调查提供本底数据，通过详细解译过程最终获取全分辨率耕地、园地、林地、草地、其他土地及地表水等遥感调查成果数据。

第三节　野外实地调查

一、实地调查目的和内容

(一) 实地调查的目的

野外调查与验证可以从整体上对工作区的自然资源和生态地质环境等进行详细调查和了解，对室内信息提取成果的可靠性进行验证，核查有疑问的解译因子图斑，补充遗漏的信息，修改错解信息。在自然资源、生态环境等专题因子遥感信息提取的基础上，采用路线观测和点观测结合的方法实地检查遥感信息解译成果，重点观测遥感解译程度低和可疑的图斑。

(二) 实地调查的内容

实地调查的内容包括耕地、园地、林地、草地、其他土地及地表水等，以及自然资源、人类活动、生态环境三者之间的联系。主要记录：河流、湖泊等地表水因子的规模、分布的地貌特征以及人类活动对水面变化的影响；湿地的规模、植被种类以及周边的人类活动特征；海岸带类型的监测以及沿岸人类的活动特征；土地覆被类型、方式以及驱动因素等。

二、实地调查方法和要求

实地验证工作之前应根据室内解译情况，制定野外验证路线，选取野外验证点，在此基础上开展实地验证工作。对于遥感影像分辨率优于 1 米的地区，可以适当减少野外验证工作量；对于遥感影像分辨率优于 2.5 米的地区，则根据实际情况增加野外验证工作量。同时，项目组也根据调查因子的可解译程度，对较容易解译的因子（如地表水因子）适当减少一些野外调查工作；对于难以区分的林地和草地因子，则加大野外调查的力度。

野外检查图斑应涵盖所有地物类型，包括自然资源（林地、草地、地表水）和生态地质环境（湿地、荒漠化土地、海岸带）六大因子图斑。除影像上地物类型容易判别的图斑可不做野外验证外，其他有疑问的图斑全部需要进行野外检查。

野外验证点均要求填写野外记录，如表2-4所示。项目组成员完成野外工作后，需在规定时间内完成成果数据的入库、图件制作，并编写成果报告和报表统计。

表2-4　《全国自然资源遥感综合调查与信息系统建设》项目野外记录

点　　　号：11-2017-012		时　　间：2017年7月17日13时40分	
地理位置：北京市门头沟区草家沟西北500米处			
坐标：x：116°05′01.15″E　　y：39°59′12.73″N　　H：120.62米			
点　　　性：其他林地		验证结果：√正确　□错误　□遗漏　□勾绘不准	
描述：此处为其他林地观察点，影像上呈浅绿色，有些许颗粒感（但不明显），呈块状分布。经实地观察，此处位于高架桥旁，种有树木，大部分树高约2米，小部分树高3~4米，整体较稀疏，为道路旁绿化带，故定为其他林地。室内解译结果正确。			
遥感图像		野外照片	
备注：			
调查人：　　　　　　记录人：　　　　　　检查人：			

三、实地调查工作量及图斑检查情况

项目组野外验证工作共涉及调查地区的32个区县，于2017年6月至12月，先后进行五次野外调查，共调查了513个验证点（见表2-5、图2-7），野外路线长度达1778.66千米。在野外验证中，查证内容包括林地、草地、园地、耕地、湿地等专题，重点对解译过程中的疑问图斑进行了查证。

表 2 -5 野外数据统计

野外路线	路线长度（km）	观察点数（个）
野外路线 1	434.30	112
野外路线 2	353.85	86
野外路线 3	341.80	83
野外路线 4	542.78	213
野外路线 5	105.93	19

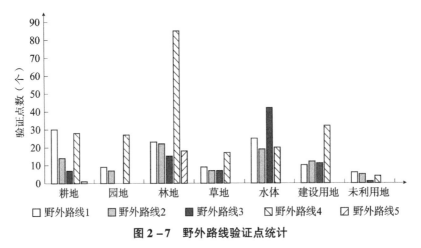

图 2 -7 野外路线验证点统计

注：水体包含河流、湖泊、沼泽、海岸带、其他水域。

野外路线 1 共包含 112 个验证点，其中：耕地验证点 30 个，园地验证点 9 个，林地验证点 23 个，草地验证点 9 个，河流验证点 5 个，湖泊验证点 4 个，其他水域验证点 16 个，建设用地验证点 10 个，未利用地验证点 6 个。

野外路线 2 共包含 86 个验证点，其中：耕地验证点 14 个，园地验证点 7 个，林地验证点 22 个，草地验证点 7 个，河流验证点 8 个，湖泊验证点 2 个，其他水域验证点 9 个，建设用地验证点 12 个，未利用地验证点 5 个。

野外路线 3 共包含 83 个验证点，其中：耕地验证点 7 个，林地验证点 15 个，草地验证点 7 个，河流验证点 3 个，湖泊验证点 3 个，沼泽验证点 6 个，海岸带验证点 7 个，其他水域验证点 23 个，建设用地验证点 11 个，未利用地验证点 1 个。

野外路线 4 共包含验证点 213 个，其中：耕地验证点 28 个，园地验证点 27 个，林地验证点 85 个，草地验证点 17 个，河流验证点 7 个，湖泊验证点 5

个，其他水域验证点 8 个，建设用地验证点 32 个，未利用地验证点 4 个。

野外路线 5 共包含 19 个验证点，其中：耕地验证点 1 个，林地验证点 18 个。

野外路线验证点统计详见表 2-6。

表 2-6　野外路线验证点统计　　　　　　　　（单位：个）

验证点类别	野外路线 1	野外路线 2	野外路线 3	野外路线 4	野外路线 5	总计	验证正确	正确率（%）
耕地	30	14	7	28	1	80	75	93.75
园地	9	7	0	27	0	43	36	83.72
林地	23	22	15	85	18	163	158	96.93
草地	9	7	7	17	0	40	36	90.00
河流	5	8	3	7	0	23	21	91.30
湖泊	4	2	3	5	0	14	13	92.86
沼泽	0	0	6	0	0	6	6	100.00
海岸带	0	0	7	0	0	7	7	100.00
其他水域	16	9	23	8	0	56	55	98.21
建设用地	10	12	11	32	0	65	65	100.00
未利用地	6	5	1	4	0	16	16	100.00
总计	112	86	83	213	19	513	488	95.13

（一）耕地

耕地验证以水浇地与旱地区分以及林地与耕地区分为主，包括耕地边界验证、耕地二级分类验证、耕地属性变化验证等，详见表 2-7。

表 2-7　耕地野外验证图片

类型	2015 年影像	2016 年影像	野外照片
退耕还林			

类型	2015 年影像	2016 年影像	野外照片
退耕还草			
水浇地			
旱地			

(二) 园地

园地验证以园地与林地区分、园地与耕地区分为主,详见表 2 - 8。

表 2 - 8　园地野外验证图片

类型	2015 年影像	2016 年影像	野外照片
园地与林地			

续表

类型	2015 年影像	2016 年影像	野外照片
园地与耕地	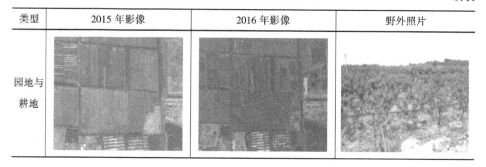		

（三）林地

林地验证以林地与耕地区分为主，包括林地边界验证、林地三级分类验证、林地属性变化验证等，详见表 2-9。

表 2-9　林地野外验证图片

类型	2015 年影像	2016 年影像	野外照片
林地转果园			
耕地转林地			

（四）草地

草地验证以人工草地验证为主，包含草地属性验证、草地边界验证，详见表 2-10。

表 2 –10 草地野外验证图片

类型	2014 年影像	2015 年影像	野外照片
草地验证			

（五）地表水

地表水验证以验证线状地表水河道延伸长度及是否干涸或存在断流为主，如图 2 - 8 所示。

图 2 –8 地表水野外验证

（六）湿地

湿地验证主要为湿地三级分类，有淡水养殖厂、稻田/冬水田、永久性河流湿地、洪泛湿地等，如图 2-9 所示。

淡水养殖厂　　　　　　　　　　　　　稻田/冬水田

永久性河流湿地　　　　　　　　　　　　洪泛湿地

图 2-9　湿地验证野外照片

项目组采取点、线、面相结合的方法，以野外调查与野外验证同时进行的形式，在工作区范围内随机选取了 100 个点，进行了图斑解译精度验证，野外验证精度达到了项目要求。

项目组共随机抽检了 100 个图斑，验证正确图斑 95 个，错误图斑 5 个。错误类型大多为：将分布在水库周围低矮的大片耕地解译为草地，将与果树混合种植的长势较高的农作物混淆为林地，将平谷区大片种植桃树的果园错解为耕地。实际调研发现，除密云水库保护区存在大面积草地外，其余水库周围均为林地、耕地、天然草地混合地物，且以林地为主。平谷区种植有大片桃树，在影像上纹理色调均与耕地相差无几，易发生错解。天津平原区存在一定数量的低矮果树与长势较高的农作物混种现象，易发生错解，如图 2-10 所示。在此基础上，项目组对水库周围图斑和天津平原区林地图斑进行了 100% 检查，确保最终解译出的图斑精度在 95% 以上，达到了项目组规定的标准，解译图斑真实有效。

图 2 - 10　错解图斑示意

第四节　成果图件制作与缩编

本次项目编图标准严格按照下发的编图方案执行，针对不同的调查因了施行不同的编图方案。

地理底图采用项目组统一提供的最新的地理要素（国境线、省界线、水陆边界、主要城市、水系水体、山脉等）。投影参数：Alberts（阿尔伯斯）投影（等积圆锥投影），第一纬度47°，第二纬度25°，中央经线105°，投影原点0°，1980 西安坐标系。

成果图件包括分布现状图和年度变化监测图，成图比例尺为 1：100 万（或 1：50 万）和 1：400 万。最小上图图斑面积为 4 平方毫米。考虑到各区域内自然资源与生态环境因子（耕地、园地、林地、草地、其他土地及地表水等）原为全分辨率解译，因此提交成果图件为工作区 1：25 万自然资源与生态环境因子（耕地、园地、林地、草地、其他土地及地表水等）专题图。

1：25 万工作区，在全分辨率遥感解译数据的基础上进行缩编成图。

一、分布现状图

（一）分布现状图简介

分布现状图包括工作区分省 1：100 万（或 1：50 万）和 1：400 万自然资

源与生态环境因子（耕地、园地、林地、草地、其他土地及地表水等）的分布现状图。

1：100 万（或 1：50 万）编图矢量采用二次缩编方式得到。将全分辨率解译矢量缩至 1：25 万，在 1：25 万成果的基础上再次进行二次缩编，形成 1：100万（或 1：50 万）编图矢量，并按照《全国自然资源遥感综合调查与信息系统建设技术要求（2017 年)》编制 1：100 万（或 1：50 万）分布现状图。

1：400 万编图矢量采用三次缩编方式完成，即在全分辨率遥感解译数据的基础上缩编成 1：25 万，然后从 1：25 万缩编成 1：100 万（或 1：50 万），再从 1：100 万（或 1：50 万）缩编成 1：400 万编图矢量，并按照《全国自然资源遥感综合调查与信息系统建设技术要求（2017 年)》编制 1：400 万分布现状图。1：400 万分布现状图最小上图图斑实际面积为 0.3 平方千米。其中不同地区荒漠化类型各异，对于图斑的要求略有区别。例如，南方石漠化最小上图图斑实际面积为 0.2 平方千米，工矿型荒漠化以点图层来表示。

（二）分布现状图图斑缩编

矢量缩编包括图斑的保留、图斑的归并与合并、图斑的夸大显示以及图斑的删除四个部分。自然资源与生态环境各因子的生态意义不尽相同，因此图斑缩编采用的标准也不一致。

1. 耕地、林地、草地、荒漠化土地、园地矢量缩编

（1）图斑的保留。本次编图采用在 1：25 万和 1：100 万图上独立图面面积大于 4 平方毫米（平均 2 毫米 × 2 毫米）的图斑，保留图斑界限与代号。

（2）图斑的归并与合并。图斑的归并是指在 1：25 万和 1：100 万图上图面面积小于 4 平方毫米的图斑，并且相邻（最小图面距离小于 2 毫米）有面积大于 4 平方毫米的图斑，应将小图斑归并至相邻面积大的图斑，删除小图斑的属性和代号，保留邻近面积大的图斑属性和代号，如图 2-11 所示。

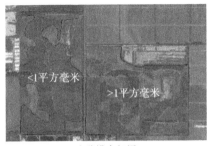
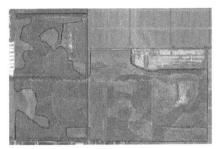

全分辨率解译   图斑的归并

图 2 - 11　图斑的归并

　　图斑的合并是指缩编后在 1 : 25 万和 1 : 100 万图上图面面积小于 4 平方毫米的图斑，并且相邻无面积大于 4 平方毫米的图斑，应将两个或多个小图斑合并为所占面积比例相对较大的主导性图斑，删除小图斑的属性和代号，保留主导性图斑的属性和代号，如图 2 - 12 所示。

全分辨率解译   图斑的合并

图 2 - 12　图斑的合并

　　（3）图斑的夸大显示。图斑的夸大显示是指孤立分布的有一定指示意义，且在 1 : 25 万和 1 : 100 万图上图面面积小于 4 平方毫米的图斑，应将在 1 : 25 万和 1 : 100 万图上图斑放大至 4 平方毫米，保留图斑代号。

　　（4）图斑的删除。图斑的删除是指孤立分布的无特殊指示意义的，且在 1 : 25 万和 1 : 100 万图上图面面积小于 4 平方毫米的图斑，应予以删除，并删除图斑代号。

　　2. 地表水矢量缩编

　　（1）图斑的保留。依据国家《1 : 1000000 地形图编绘规范及图式》

（GB/T 14512—93）标准，单独分布的湖泊面积大于0.5平方毫米（实际面积0.5平方千米）应予上图表示，密集区可舍去0.5～1.0平方毫米的湖泊。

依据国家《1：1000000 地形图编绘规范及图式》（GB/T 14512—93）标准，河流单双线的分界宽为0.4毫米，即凡双线河就表示真实的河宽。

考虑到地表水体生态环境中特殊意义，本次编图采用缩编后在1：25万和1：100万图上独立图面面积大于0.25平方毫米（平均0.5毫米×0.5毫米）的图斑，保留图斑界限与代号。

1：100万编图，河流大部分地段图面宽度大于0.5毫米，即地面实际宽度大于500米为上图标准，用双线表示。河面宽度不够上图标准的用单线河表示或不表示。1：100万编图，图面上平均宽度大于1毫米且河流长度大于4厘米的均要标注名称属性。

（2）图斑的归并与合并。图斑的归并是指缩编后在1：25万和1：100万图上图面面积小于0.25平方毫米的图斑，并且相邻（最小图面距离小于0.5毫米）有面积大于0.25平方毫米的图斑，应将小图斑归并至相邻面积大的图斑，删除小图斑的属性和代号，保留邻近面积大的图斑属性和代号。

图斑的合并是指缩编后在1：25万和1：100万图上图面面积小于0.25平方毫米的图斑，并且相邻无面积大于0.25平方毫米的图斑，应将两个或多个小图斑合并为所占面积比例相对较大的主导性图斑，删除小图斑的属性和代号，保留主导性图斑的属性和代号。

（3）图斑的夸大显示。图斑的夸大显示是指孤立分布的有一定指示意义，且在1：25万和1：100万图上图面面积小于0.25平方毫米的图斑，应将在1：25万和1：100万图上图斑放大至0.25平方毫米，保留图斑代号。

（4）图斑的删除。图斑的删除是指孤立分布的无特殊指示意义的，且在1：25万和1：100万图上图面面积小于0.25平方毫米的图斑，应予以删除，并删除图斑代号。

3. 湿地矢量缩编

（1）图斑的保留。依据国家《1：1000000 地形图编绘规范及图式》（GB/T 14512—93）标准，单独分布沼泽面积大于25平方毫米（实际面积25平方千米）应予上图表示；沿河流分布或线性的沼泽，长度达10厘米的，应该上图表示。

湿地中包含湖泊水面与河流水面，对于湖泊和河流湿地的现状表示，之前已做了讨论，它们的现状表示依前述地表水体标准执行。

除湖泊外，其他湿地不具备明显的独立性，往往由很多集中分布的、连接成片的小湿地组成有意义的湿地群，与小湖泊群相似。

在 1∶100 万图上，图面面积大于和等于 0.25 平方毫米（0.5 毫米 × 0.5 毫米）为上图标准，图面面积小于 0.25 平方毫米不予表示。沿河流分布或线性的单独湿地，其长度大于 2 厘米且宽度大于 0.5 毫米的上图表示。

（2）图斑的归并与合并。图斑的归并是指缩编后在 1∶25 万和 1∶100 万图上图面面积小于 0.25 平方毫米的图斑，并且相邻（最小图面距离小于 0.5 毫米）有面积大于 0.25 平方毫米的图斑，应将小图斑归并至相邻面积大的图斑，删除小图斑的属性和代号，保留邻近面积大的图斑属性和代号。

图斑的合并是指缩编后在 1∶25 万和 1∶100 万图上图面面积小于 0.25 平方毫米的图斑，并且相邻无面积大于 0.25 平方毫米的图斑，应将两个或多个小图斑合并为所占面积比例相对较大的主导性图斑，删除小图斑的属性和代号，保留主导性图斑的属性和代号。

（3）图斑的夸大显示。图斑的夸大显示是指孤立分布的有一定指示意义的，且在 1∶25 万和 1∶100 万图上图面面积小于 0.25 平方毫米的图斑，应将在 1∶25 万和 1∶100 万图上图斑放大至 0.25 平方毫米，保留图斑代号。

（4）图斑的删除。图斑的删除是指孤立分布的无特殊指示意义的，且在 1∶25 万和 1∶100 万图上图面面积小于 0.25 平方毫米的图斑，应予以删除，并删除图斑代号。

1∶400 万编图矢量在 1∶100 万矢量基础上再次缩编，矢量缩编方式类似。

二、年度变化监测图

将两期同等比例尺、同因子分布现状矢量在 ArcGIS 软件平台上进行矢量空间叠加分析，得到变化信息。将空间分析结果进行分析，确定阈值（一般为 $5\% S_0$，S_0 为上一监测年度图斑面积），去除碎屑多边形（去除假变化信息）

后，进行分类处理。叠加在当前监测年度的分布现状图上，形成年度变化监测图。在年度变化监测图上，图斑可分为五种变化类型：稳定、增加、减少、新生与消亡。年度变化监测图最小上图图斑：比例尺为 1∶100 万（或 1∶50 万）时，最小上图图斑实际面积为 1 亩；比例尺为 1∶400 万时，最小上图图斑实际面积为 16 亩。减少或消亡的变化信息用红色表示，增加或新生的变化信息用黄色表示。

变化图的编制：首先展示全工作区范围变化图，在图面上对典型变化的地区拉框突出表示，其名称以自然单位或者行政单位命名，反映不出来的变化用文字或统计数据描述。

三、图面整饰

（一）数据选取

居民地（点）、等高线、公路、铁路、河流、湖泊、高程点、行政区划、DEM 等地理要素应引自同比例尺或更大比例尺的最新数字地形图。

新建公路、铁路应来自同比例尺或更大比例尺的最新地图图件，也可以根据遥感图像对公路、铁路进行编辑、修改。

（二）地理要素整饰

（1）1∶400 万：县级以上居民地、省级以上公路、三级以上水系、铁路、湖泊、山脉、省（市）级行政区划均应加以选择，并注记。

（2）1∶100 万（或 1∶50 万）：县级以上居民地、三级以上公路、四级以上水系、计曲线、三角点、铁路、湖泊、山脉、县级行政区划均应加以选择，并注记。

（3）地理要素代码：按照 GB/T 13923—1992 执行。

（4）水系：包括单线河、双线河、湖泊边界、水库边界、海岸线、等深线、泉点、水与冰等要素。注记用孔雀蓝（蓝 100%）；水域面（双线河、湖泊、水库、海）普染用浅蓝色（蓝 20%～50%）。

（5）地名注记：字体用宋体，字高为同等比例尺线划地形图的 1.5～2 倍

（见 GB 12341—90）。

（6）居民地、山脉的字体为黑色，河流与湖泊为蓝色，冰川为白色。地名注记点密度为图上每 100 平方厘米内注记的地名最多不应超过 5 个。

（7）等高线（计曲线）：颜色一般采用棕色，线宽 0.1 毫米。特殊情况下根据应用需要确定等高线基本等高距、等高线颜色、线宽。

（8）三角点：位置以高程点为中心，宽 0.1 毫米、长 3 毫米、颜色为黑色的等边三角形表示。以高程点右 5 毫米为高程点高程注记起点；高程点高程注记字体用宋体，字高为同等比例尺线划地形图的 1.5 ~ 2 倍（见 GB 12341—90）；高程点高程注记字体颜色一般情况下选白色，或根据应用需要确定。图上高程点数量一般每 100 平方厘米内为 1 ~ 3 个，或者根据应用要求自行确定。高程注记到米，小数后舍去，不作四舍五入处理。

（9）公路：按高速公路、国道、省道、普通公路四级进行公路整饰。在道路密集分布地区，根据具体情况选择公路级别。公路的表示方法、颜色和样式按照 GB 12341—90 执行，线宽可以在 GB 12341—90 规定的基础上放大到 1.5 倍。

（10）铁路：铁路不区分单线或复线，也不区分一般铁路和电气化铁路。在铁路密集分布地区，根据具体情况选择若干条铁路来表示。铁路的表示方法、颜色和样式按照 GB 12341—90 执行，线宽可以在 GB 12341—90 规定的基础上放大到 1.5 倍。

（11）行政区划界线：按照国界、省界（区、市）、地区界、县界、乡界五级行政区划级别，进行分别整饰。行政区划界线的表示方法、颜色和样式按照 GB 12341—90 执行，线宽可以在 GB 12341—90 规定的基础上放大到 1.5 倍。

（三）图廓与方里网要素整饰

（1）图廓：分为国家标准分幅和自由分幅两种。国家标准分幅的内图廓线为 0.1 毫米、外图廓线为 1 毫米，内外图廓线间隔为 10 毫米，线段颜色为黑色；自由分幅的内图廓线为 0.1 毫米、外图廓线为 1.5 毫米，内外图廓线间隔为 10 毫米，线段颜色为黑色。

（2）方里网：国家标准分幅，方里网间隔图上为 10 厘米，线宽为 0.1 毫米；自由分幅经纬网间隔为经差 1°，纬差 1°，线宽为 0.1 毫米，颜色为黑色。

（四）自然资源与生态环境成果图件

1:100万（或1:50万）和1:400万分布现状图最小上图图斑面积为相应比例尺下的4平方毫米；对于年度变化监测图，当比例尺大于1:10000时，最小上图图斑面积为4平方毫米；当比例尺为1:100万（或1:50万）时，最小上图图斑实际面积为1亩；当比例尺为1:400万时，最小上图图斑实际面积为16亩。严格按照相应比例尺的上图图斑大小进行信息表达，从而形成各因子的分布现状图与年度变化监测图。

图件制作时，自然资源与生态环境各专题因子各级分类以及不同类型的变化信息采用不同的色系或图例区分，严格按照《全国自然资源遥感综合调查与信息系统建设技术要求（2017年)》执行。

四、数据质量评估

（一）自然资源

通过与2009年全国第二次土地调查公布数据进行对比，评估本次调查成果的准确性。北京市和天津市各自然资源类型统计结果与土地二调公布值对比见表2-11和表2-12。

表2-11　北京市各自然资源类型统计结果与土地二调公布值对比

自然资源类型	北京市			
	2009年面积（km²）	2016年面积（km²）	差值（km²）	差异率（%）
耕地	2271.70	2305.87	34.17	1.50
园地	1416.17	492.47	−923.70	−65.23
林地	7436.96	9802.64	2365.68	31.81
草地	92.13	141.16	49.03	53.22
地表水	423.75	277.72	−146.03	−34.46

表 2 - 12 天津市各自然资源类型统计结果与土地二调公布值对比

自然资源类型	天津市			
	2009 年面积（km²）	2016 年面积（km²）	差值（km²）	差异率（%）
耕地	4471.66	4753.61	281.95	6.31
园地	316.39	26.48	-289.91	-91.63
林地	524.91	1117.20	592.29	112.84
草地	141.57	848.54	706.97	499.38
地表水	1808.49	886.09	-922.40	-51.00

1. 耕地方面

北京市 2016 年耕地统计结果比 2009 年公布数据增多了 34.17 平方千米，差异率为 1.50%，经统计分析，其中含有不满足上图要求的线状地物及零星地物，该数据的可信度为 94%；天津市 2016 年耕地统计结果比 2009 年公布数据增多了 281.95 平方千米，差异率为 6.31%，经统计分析，其中含有不满足上图要求的线装地物及零星地物，该数据的可信度为 92%。

园地方面，北京市 2016 年园地统计结果比 2009 年公布数据减少了 923.70 平方千米，差异率为 -65.23%，经野外调查，北京园地近年来减少较多，该数据基本可信；天津市 2016 年园地统计结果比 2009 年公布数据减少了 289.91 平方千米，差异率为 -91.63%，经野外调查，天津园地近年来减少较多，该数据基本可信。原因为：有部分园地转变为林地，还有部分园地由政府征收为科技园区、院校等建设用地。

2. 林地方面

北京市 2016 年林地统计结果比 2009 年公布数据增加了 2365.68 平方千米，差异率为 31.81%，经统计分析及实地调查，由于林地所圈图斑为树冠范围，再考虑林地间的线状地物及零星地物，该数据的可信度为 95%；天津市 2016 年林地统计结果比 2009 年公布数据增加了 592.29 平方千米，差异率为 112.84%，经统计分析及实地调查，由于林地所圈图斑为树冠范围，再考虑林地间的线状地物及零星地物，该数据的可信度为 95%。变化原因为：有部分园地转变为林地，且有部分耕地退耕还林，还有"京津风沙源治理工程"的持续实施，近年来的封山育林，大大加快了绿化速度，使得林地面积有所增加，并由于天津林地基数较小，故变化率较大。

3. 草地方面

北京市 2016 年草地统计结果比 2009 年公布数据增加了 49.03 平方千米，差异率为 53.22%，经野外调查，该数据基本可信；天津市 2016 年草地统计结果比 2009 年公布数据增加了 706.97 平方千米，差异率为 499.38%，经野外调查，该数据基本可信。北京市和天津市草地主要是绿化草地等其他草地，图斑破碎度较高，受人为影响较大。数据增加的原因为：政府大范围地提升绿地面积，新建多处绿化节点，致使草地面积大幅增加；政府大力推进退耕还林还草政策，其中主要将原本的沙地、裸地和产粮率较低的耕地进行绿化，原本的沙地、裸地和部分耕地转变为林地草地，使得天津市草地面积增加明显。另外，由于北京市、天津市草地面积较小，所以变化率较大。

4. 地表水方面

北京市 2016 年地表水统计结果比 2009 年公布数据减少了 146.03 平方千米，差异率为 −34.46%，经调查，该数据基本可信；天津市 2016 年地表水统计结果比 2009 年公布数据减少了 922.40 平方千米，差异率为 −51.00%，经调查，该数据基本可信。变化原因为：两者分类不同，《土地利用现状分类》中的"水域及水利设施用地"不仅涵盖了本次调查"地表水"的范畴，而且包括沿海滩涂、内陆滩涂、水工建筑用地；近年来由于人类活动，北京市、天津市地表水总体上是减少的，且地表水受降雨等影响。经调查，2009—2015年北京市、天津市降雨量总体呈下降趋势，2016 年北京市、天津市降雨量较去年增加较多，故地表水在 2009—2015 年呈减少变化，2016 年有所增加。

（二）生态环境

通过将本次调查的成果数据与国家公布数据进行对比，评估本次调查成果的准确性。具体对比来源详见表 2 − 13 ~ 表 2 − 15。

1. 湿地资源方面

北京市 2016 年湿地资源统计结果比 2011 年湿地二调公布数据减少了 68.91 平方千米,差异率为 -11.87%,经调查,该数据基本可信;天津市 2016 年湿地资源统计结果比 2011 年湿地二调公布数据增加了 491.41 平方千米,差异率为 17.66%,经调查,该数据基本可信。

表 2 - 13 本次湿地调查结果与国家公布数据对比

省/市	2011 年湿地面积（km²）	2016 年湿地面积（km²）	差异值（km²）	差异率（%）
北京	580.30	511.39	-68.91	-11.87
天津	2783.30	3274.71	491.41	17.66
河北	9419.19	10141.78	722.59	7.67
山东	17374.99	20308.09	2933.10	16.88

2. 荒漠化土地方面

北京市 2016 年荒漠化土地统计结果比 2007 年公布数据减少了 86.23 平方千米,差异率为 -74.00%;天津市 2016 年荒漠化土地统计结果比 2007 年公布数据减少了 227.69 平方千米,差异率为 -21.55%。荒漠化土地减少的原因主要为:近年来大力治理荒漠化,不仅阻止了荒漠化土地进一步扩张,也有效地恢复了部分荒漠化土地。特别是"京津风沙源治理工程"是我国重点生态建设工程,截至 2013 年年底,京津风沙源治理一期工程建设已全部完成,共实施造林营林 690 万亩,防沙治沙成效显著。所以,本次荒漠化土地调查成果是可信的。

表 2 - 14 本次荒漠化土地调查结果与国家公布数据对比

省/市	2007 年荒漠化土地面积（km²）	2016 年荒漠化土地面积（km²）	差异值（km²）	差异率（%）
北京	116.53	30.30	-86.23	-74.00
天津	1056.45	828.76	-227.69	-21.55
河北	38181.76	12564.15	-25617.61	-67.09
山东	29380.37	8028.02	-21352.35	-72.68

3. 海岸带方面

天津市 2016 年海岸线统计结果比 2009 年公布数据增加了 169.28 千米，差异率为 91.95%，经过统计分析及实地调查，并考虑到分形维度问题，该数据在全分辨率比例尺下基本可信。海岸带增加的主要为人工海岸带，增加的原因主要为：海岸线长度的测量需要考虑分形维度，本项目解译为全分辨率解译，海岸带细节信息解译完全，故差异较大；且天津港、曹妃甸港建设及邻近海域经济区建设，围海造陆工程直接改变海岸带形状与长度，以及高强度海岸带开发利用工程直接改造淤泥质海岸，增加人工海岸。

表 2-15　本次海岸带调查结果与国家公布数据对比

省/市	2009 年海岸线长度（km）	2016 年海岸线长度（km）	差异值（km）	差异率（%）
天津	184.11	353.39	169.28	91.95
河北	487	658	171	35.11
山东	3345	2955	-390	-11.66

第三章

京津地区自然资源调查

第一节　自然资源分类系统及其解译标志

一、自然资源分类系统

（一）耕地

耕地指种植农作物的土地，包括熟地，新开发、复垦、整理地，休闲地（含轮歇地、轮作地）；以种植农作物（蔬菜）为主，间有零星果树、桑树或其他树木的土地；平均每年能保证收获一季的已垦滩地和海涂。

耕地中包括南方宽度<0.1米、北方宽度<2.0米固定的沟、渠、路和地坎（埂）。考虑到遥感影像上耕地类型图斑的可判性，依据二级项目制定的技术要求，结合京津冀鲁地区耕地类型实际情况，拟将京津冀鲁地区耕地资源划分为水田、水浇地与旱地三类，详见表3-1。

表3-1　耕地资源现状分类

一级类		二级类		备注
编码	名称	编码	名称	
01	耕地	0101	水田	指用于种植水稻、莲藕等水生农作物的耕地，包括实行水生、旱生农作物轮种的耕地
		0102	水浇地	指有水源保证和灌溉设施，在一般年景能正常灌溉，种植旱生农作物的耕地，包括种植蔬菜的非工厂化大棚用地
		0103	旱地	指无灌溉设施，主要靠天然降水种植旱生农作物的耕地，包括没有灌溉设施，仅靠引洪淤灌的耕地

（二）园地

园地是指种植以采集果、叶为主的集约经营的多年生木本和草本植物，覆盖度在 0.5 以上的或每亩株数大于合理株数 70% 以上的土地，包括用于育苗的土地。园地分为果园、茶园和其他园地，详见表 3-2。

表 3-2　园地资源现状分类

一级类		二级类		备注
编码	名称	编码	名称	
02	园地	0201	果园	指种植果树的园地
		0202	茶园	指种植茶树的园地
		0203	其他园地	指种植桑树、橡胶、可可、咖啡、油棕、胡椒、药材等其他多年生作物的园地

（三）林地

林地是指生长乔木、竹类、灌木的土地，以及沿海生长红树林的、连续分布超过 1 亩、2 行以上、树冠 10 米以上的土地。考虑到遥感影像上林地类型图斑的可判性，依据二级项目制定的技术要求，结合京津冀鲁地区林地类型实际情况，京津冀鲁地区林地资源存在乔木林、竹林、灌木林、疏林、其他林地五类，详见表 3-3。

表 3-3　林地资源现状分类

一级类		二级类		备注
编码	名称	编码	名称	
03	林地	0301	乔木林	由乔木树种组成、连续面积 1 亩（含）以上，郁闭度 0.20（含）以上的片林或林带。解译时不包括森林沼泽、红树林
		0302	竹林	全部由各类竹子组成的纯林或仅混生少量针阔叶树种的植被类型，连续面积 1 亩（含）以上
		0303	红树林	本研究不涉及
		0304	灌木林	由生长低矮的多年生灌木型木本植物为主体构成的植被，连续面积 1 亩（含）以上。解译时不包括灌丛沼泽
		0305	疏林	由乔木树种组成，连续面积大于 1 亩、郁闭度在 0.10～0.19 的片林或林带
		0306	其他林地	包括未成林地、迹地*、苗圃等林地

注：迹地为森林采伐、火烧后，还没重新种树的土地。

（四）草地

草地是指以生长草本植物为主的土地。草地资源划分为天然草地、沼泽化草甸、草本沼泽、人工草地和其他草地，本研究涉及的草地资源现状分类详见表 3 - 4。

表 3 - 4　草地资源现状分类

一级类		三级类		备注
编码	名称	编码	名称	
04	草地	0401	天然草地	畜牧业用途。不包括沼泽化草甸、草本沼泽
		0402	人工草地	畜牧业用途。不包括景观草地
		0403	其他草地	以草为主，水为辅，土壤有明显泥炭化。解译时注意与草本沼泽的区分。包括荒草地

（五）河流

河流是指沿着地表或地下长条状槽形洼地经常或间歇有水流动的水流。具体分类标准见表 3 - 5。

表 3 - 5　河流资源现状分类

一级类		二级类		备注
编码	名称	编码	名称	
05	河流	0501	河流水面	天然形成或人工开挖的河流常水位岸线之间的水面（不包括水库水面）。仍按照遥感影像可见水体进行解译
		0502	季节性或间歇性河流	包括季节性河流的滩地。不单独解译水面范围
		0503	河流滩涂	天然形成或人工开挖的河流洪水位岸线之间的滩涂

（六）湖泊

湖泊指湖盆及其承纳的水体。湖盆是地表相对封闭、可蓄水的天然洼池，具体分类见表 3 - 6。京津冀鲁地区湖泊划分为永久性淡水湖、永久性咸水湖、季节性淡水湖、季节性咸水湖和湖泊滩涂。

表 3-6　湖泊资源现状分类

一级类		二级类		备注
编码	名称	编码	名称	
06	湖泊	0601	永久性淡水湖	天然形成的积水区常水位岸线所围成的水面
		0602	永久性咸水湖	天然形成的积水区常水位岸线所围成的水面
		0603	季节性淡水湖	季节性积水形成的水面。雨季降水多，有积水；旱季降水少或无降水，则处于干涸状态
		0604	季节性咸水湖	季节性积水形成的水面。雨季降水多，有积水；旱季降水少或无降水，则处于干涸状态
		0605	湖泊滩涂	天然形成的积水区洪水位岸线和常水位岸线之间的滩地

（七）沼泽

沼泽是指地表及地表下层土壤经常过度湿润，地表生长着湿性植物和沼泽植物，有泥炭累积或虽无泥炭累积但有潜育层存在的土地，具体分类见表 3-7。

表 3-7　沼泽资源现状分类

一级类		二级类		备注
编码	名称	编码	名称	
07	沼泽	0701	森林沼泽	本研究不涉及
		0702	灌丛沼泽	本研究不涉及
		0703	草本沼泽	土壤基本被水覆盖
		0704	沼泽化草甸	典型草甸向沼泽植被过渡类型
		0705	潮间盐水沼泽	潮间地带形成的植被盖度≥30%的潮间沼泽，包括盐碱沼泽、盐水草地和海滩盐沼
		0706	其他沼泽地	不包括森林沼泽、灌丛沼泽、草本沼泽、沼泽化草甸、潮间盐水沼泽的其他沼泽湿地

（八）海岸带

海岸带是指现在海陆之间相互作用的地带，也就是每天受潮汐涨落海水影响的潮间带及其两侧一定范围的陆地和浅海的海陆过渡地带。海岸带资源划分为近岸带、浅海水域、岩石海滩、沙石海滩、淤泥质海滩、河口水域及河口三角洲、其他海岸湿地，本项目研究除近岸带以外的其他海岸带资源，具体见表 3 - 8。

表 3 - 8　海岸带资源现状分类

一级类		二级类		备注
编码	名称	编码	名称	
08	海岸带	0801	近岸带	水深线 6～15m 的地带
		0802	浅海水域	低潮线至 6m 水深线之间的地带
		0803	岩石海滩	沿海滩涂，平均高潮线（即海岸线）到平均低潮线之间的潮浸地带，包括海岛的沿海滩涂
		0804	沙石海滩	
		0805	淤泥质海滩	
		0806	河口水域及河口三角洲	处于平均高潮线到平均低潮线之间的河口水域及河口三角洲
		0807	其他海岸湿地	不包括浅海水域、岩石海滩、沙石海滩、淤泥质海滩、河口水域及河口三角洲的其他海岸带湿地

（九）其他水域

按照二级项目分类标准，把其他水域分类成冰川及永久积雪、水库水面、水库滩涂、淡水养殖场、海水养殖场、坑塘、沟渠、季节性洪泛农用湿地、其他洪泛湿地、喀斯特溶洞湿地、采矿挖掘区和塌陷积水区、城市公园景观水面、其他人工湿地 13 类。具体分类见表 3 - 9。

表 3 - 9　其他水域资源现状分类

一级类		二级类		备注
编码	名称	编码	名称	
09	其他水域	0901	冰川及永久积雪	表层被冰雪常年覆盖的土地，位于高山、极高山的山峰及其主峰附近的沟谷，以冰盖、冰斗、刃脊、角峰、冰舌地貌为主；影像上呈均匀的白色或浅蓝色、蓝色色调，边界清楚
		0902	水库水面	水库正常蓄水位岸线围成的水面
		0903	水库滩涂	水库正常蓄水位与洪水位间的滩地
		0904	淡水养殖场	以水产养殖为主要目的而修建的淡水池塘人工湿地
		0905	海水养殖场	以水产养殖为主要目的而在海岸线修建的人工湿地
		0906	坑塘	指人工开挖或天然形成的蓄水量 <10 万立方米的坑塘常水位岸线所围成的水面

续表

一级类		二级类		备注
编码	名称	编码	名称	
09	其他水域	0907	沟渠	指人工修建，南方宽度≥1.0米、北方宽度≥2.0米，用于引、排、灌的渠道，包括渠槽、渠堤等
		0908	季节性洪泛农用湿地	季节性泛滥的农用地。常常位于三角洲、季节性河流、冲击平原地区，随着季节性河水涨落，会被淹没在水面之下，地势较低，形状不太规则
		0909	其他洪泛湿地	不包括河流滩涂和季节性洪泛农用湿地
		0910	喀斯特溶洞湿地	分布岩溶地区的湿地，包括岩溶湖泊、河流水系和沼泽地
		0911	采矿挖掘区和塌陷积水区	常常位于矿山活动附近，没有固定的形状，挖掘区植被破坏严重，因挖掘导致地势低洼，常常形成积水
		0912	城市公园景观水面	常常位于城市市区或者郊区，形状不规则，可见人工设施及道路交通设施，附近植被整齐划一
		0913	其他人工湿地	包括废水处理场所等未被界定的其他人工湿地类型，不包括采矿用地

（十）建筑用地

按照二级项目分类标准，把建筑用地分为城镇村庄、交通运输用地、采矿用地、盐田、其他建设用地五类，具体分类见表3-10。

表3-10　建筑用地资源现状分类

一级类		二级类		备注
编码	名称	编码	名称	
10	建设用地	1001	城镇村庄	通常指具有一定规模工商业的居民点。城镇村庄中不解译内部结构
		1002	交通运输用地	道路宽度大于20米画面，8～20米画单线。单行树解译到道路内，双行及以上树解译到其他林地内。城镇村庄中的交通运输用地不需要单独解译
		1003	采矿用地	采矿、采石、采沙、盐田、砖瓦窑等地面生产用地及尾矿堆放地
		1004	盐田	盐田分布在盐湖周边，影像上呈均匀的浅蓝—深蓝色、灰白—灰褐色色调，色调深浅不一，为规则整齐的多边形，总体为斑块状、条块状纹形，局部可见格网状纹形，表面细腻，轮廓清晰
		1005	其他建设用地	指不同于城镇村庄、交通运输用地、采矿用地、盐田的建筑用地

(十一) 未利用地

按照二级项目分类标准，把未利用土地分为盐碱地、沙地、裸地三类，具体分类见表 3 - 11。

表 3 - 11　未利用土地资源现状分类

一级类		二级类		备注
编码	名称	编码	名称	
11	未利用地	1101	盐碱地	表层盐碱聚集，生长天然耐盐碱植物的土地。不包括内陆盐沼
		1102	沙地	表层为沙覆盖、基本无植被的土地。不包括滩涂中的沙地
		1103	裸地	表层为土质，基本无植被覆盖的土地，或表层为石砾、岩石

以上是按照自然资源调查工作分类表（解译工作总表）建立的解译标志。二级项目要求遥感调查的耕地、园地、林地、草地、地表水、湿地、荒漠化土地、海岸带等专题因子全部由上述 11 类中提取，形成专题因子调查成果。

二、自然资源解译标志

项目组综合分析了不同遥感数据类型、不同时相的影像特征，并结合野外调查资料，现将自然资源因子遥感影像特征列举如下。

(一) 耕地

依据耕地的基本形态特征、影纹结构、色调以及分布位置来判定不同的耕地类型。耕地图斑类型解译标志分类和图斑类型示例影像分别见表 3 - 12 和表 3 - 13。

表 3 - 12　耕地图斑类型解译标志分类

序号	耕地类型	耕地图斑类型解译标志
1	水田	水田一般分布在平原地区，因人为耕种，形状规则，影纹特征细腻。水田因含水量较大，色调为深绿色、墨绿色，比旱地色调要深
2	旱地	旱地形状规则，因种植农作物的品种不同，常常显示出不同色调的条带状纹理特征，色调为绿色、浅绿色，影纹细腻
3	水浇地	水浇地指有水源保证和灌溉设施，在一般年景能正常灌溉，种植旱生农作物的耕地。包括种植蔬菜等非工厂化的大棚用地

表 3 – 13　耕地图斑类型示例影像

1. 水田	2. 旱田

3. 水浇地

(二)　园地

园地在影像上一般呈颗粒状，排列整齐，色调较深，一般较易判别，这也是园地与林地的重要区别。园地图斑类型示例影像见表 3 – 14。

表 3 – 14　园地图斑类型示例影像

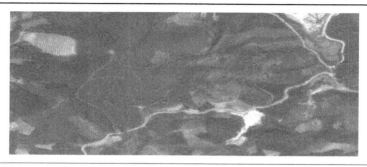

1. 茶园

2. 果园	3. 其他园地

(三) 林地

依据林地的基本形态特征、影纹结构、色调以及分布位置来判定不同的林地类型。林地图斑类型解译标志分类和图斑类型示例影像分别见表 3 – 15 和表 3 – 16。

表 3 – 15　林地图斑类型解译标志分类

序号	林地类型	林地类型界定
1	乔木林	影像上乔木林地呈片状或带状分布，色调均一，颗粒感强烈
2	灌木林	影像上，灌木林地呈现深绿色，影纹粗糙，植被较为低矮，与周边纹理细腻规则、色调较浅的耕地差异明显
3	竹林	竹林地因为其种植密度较大，且其长势较为细致，所以在影像上呈现出片状、条带状，纹理细致，连成一片
4	疏林	疏林地在影像上为淡绿色中散布点状深绿色。它与林地的区别是疏林地色调不均一，色泽发暗，其间界线较难判断。它与草地的区别是疏林地的纹理比较粗糙，而草地颜色发亮
5	其他林地	影像上，存在规则的人工种植痕迹，可见部分裸露土壤，郁闭度处于 0.1 ~ 0.2，影像纹理粗糙，与周围纹理细腻的耕地差异显著，定为其他林地

表3－16　林地图斑类型示例影像

1. 乔木林

2. 灌木林	3. 竹林
4. 疏林	5. 其他林地

（四）草地

京津冀鲁地区常见的草地类型有天然草地、人工草地与其他草地。天然草地在影像中色调基本统一，色度均匀，常呈鲜绿色。由于草本植物比较低矮，因而看不出阴影，整体呈片状、条带状，影纹结构光滑细腻。人工草地在影像上形状比较规则，有比较明确的范围，边界清晰，实地往往有围栏围住，多分布在地形较平缓的地带。其中，为了固定或者减轻干旱地区流沙移动而人工种植的发挥防风固沙、减少水土流失作用的灌丛或草地，在高分辨率遥感影像上的特征更为明显，一般呈现统一规则的块状纹理。除遥感影像上能完全区分的天然草地、人工草地之外的其他草地，遥感影像上呈片状、斑状、条带状，多分布在山前斜坡地带或山麓地带；局部地段呈现草地特有的绿色、黄绿色，但色调往往较大片分布的天然草地稍深，局部地区以色度深浅差异，与天然草地显现出较明显的分界，影纹结构较为光滑细腻；在有轻度荒漠化的地段，因草地的覆盖度较低，因此草地特征表现不甚明显，以斑块状图斑中夹杂断续的条状或斑状图斑为特征。

依据草地的基本形态特征、影纹结构、色调来判定不同的草地类型。草地图斑类型解译标志分类和草地图斑类型示例影像见表 3 – 17 与表 3 – 18。

表 3 – 17　草地图斑类型解译标志分类

序号	草地类型	草地类型界定
1	天然草地	影像上呈现鲜绿色，影像纹理细腻，可见少量呈现暗灰白色的土壤，无明显人工种植痕迹。草地中可见少量灌丛，呈深绿色，颗粒感较强
2	人工草地	影像上呈现鲜绿色，影像纹理细腻，存在明显人工种植痕迹，与周围地物纹理特征差异显著
3	其他草地	多分布在山前斜坡地带或山麓地带，影像上整体呈现褐色，可见大量裸露土壤与少量草本植物，影纹较为细腻，郁闭度 < 0.1

表 3 – 18　草地图斑类型示例影像

1. 天然草地

2. 人工草地	3. 其他草地

（五）河流

京津冀鲁地区常见的河流类型有河流水面、季节性或间歇性河流、河流滩涂。河流水面在影像上：常年河呈浅蓝、蓝、深蓝、蓝黑色色调；季节河、干沟呈淡蓝、淡黄、白色色调；呈蜿蜒的、宽窄不均的、连续的线（带）状展布。季节性或间歇性河流在影像上呈现浅蓝、蓝、深蓝、黄、蓝黑色色调。由于其在不同季节流水量不同，所以在不同的时相上，其河流的宽度不同，甚至在枯水期，只呈现出干涸的河道。河流滩涂在影像上呈现绿、黄绿、蓝黑色色调等，并且不同色调间相互掺杂，纹理粗糙。

综上所述，制作河流图斑类型解译标志分类表（见表3-19）和河流图斑类型示例影像表（见表3-20）。

表3-19　河流图斑类型解译标志分类

序号	二级分类	图斑类型界定
1	河流水面	河流常呈弯曲不规则状，上游宽下游窄，河道上经常支流汇入，或者汇入其他河流，色调上呈绿色、深绿、蓝色、深蓝、黑色等
2	季节性或间歇性河流	一年中只有季节性（雨季）或间歇性有水径流的河流。在影像上呈现浅蓝、蓝、深蓝、黄、蓝黑色色调。由于其在不同季节流水量不同，所以在不同的时相上，其河流的宽度不同，甚至在枯水期，只呈现出干涸的河道
3	河流滩涂	常常位于三角洲、季节性河流、冲击平原地区，随着季节性河水涨落，会被淹没在水面之下，地势较低，形状不太规则，色调上往往呈灰绿色、粉紫色等
4	其他洪泛湿地	往往位于稻田、农田中间或附近，形状不太规则，边界清晰，湿地边常有树木生长，附近常有沟渠通过，色调往往呈深绿、深蓝、蓝黑、黑色等

表 3 – 20 河流图斑类型示例影像

1. 河流水面

 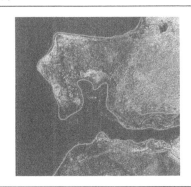

2. 季节性或间歇性河流   3. 河流滩涂

4. 其他洪泛湿地

(六) 湖泊

京津冀鲁地区常见的湖泊有永久性淡水湖、永久性咸水湖、季节性淡水湖与湖泊滩涂。湖泊图斑解译标志示例影像见表3－21。

表3－21　湖泊图斑解译标志示例影像

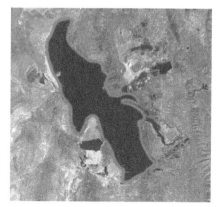

| 1. 永久性淡水湖 | 2. 永久性咸水湖 |

| 3. 季节性淡水湖 | 4. 湖泊滩涂 |

（七）沼泽

京津冀鲁地区常见的沼泽有森林沼泽、灌丛沼泽、草本沼泽、沼泽化草甸与潮间盐水沼泽。

（1）森林沼泽：在土壤过度潮湿、积水或有浅薄水层，并有泥炭的环境中形成的以乔木或灌木占优势的森林植被类型。在影像上看，森林沼泽呈现出深绿、深蓝等色调，纹理粗糙，可见高大的森林植被。

（2）灌丛沼泽：以灌丛植物为优势群落的淡水沼泽。在影像上看，灌丛沼泽呈现出浅绿、亮绿、黄绿色调，纹理较为细腻，颗粒感不强。

（3）草本沼泽：由水生和沼生的草本植物组成优势群落的淡水沼泽。草本沼泽在影像上形状不规则，整体呈斑块状纹理特征，芦苇等水生植物呈毛绒状纹理。

（4）沼泽化草甸：为典型草甸向沼泽植被的过渡类型，是在地势低洼、排水不畅、土壤过分潮湿、通透性不良等环境条件下发育起来的，包括分布在平原地区的沼泽化草甸以及高山和高原地区具有高寒性质的沼泽化草甸。

（5）潮间盐水沼泽：潮间地带形成的植被盖度≥30%的潮间沼泽，包括盐碱沼泽、盐水草地和海滩盐沼。

沼泽图斑类型解译标志分类与沼泽图斑类型示例影像见表 3 - 22 和表 3 - 23。

表 3 - 22　沼泽图斑类型解译标志分类

序号	沼泽类型	沼泽类型界定
1	森林沼泽	主要分布在植被极其茂盛的区域，图斑中可见深色调的水域。在影像上看，森林沼泽呈现出深绿、深蓝等色调，纹理粗糙，可见高大的森林植被
2	灌丛沼泽	分布在低矮的灌木丛区域。在影像上看，灌丛沼泽呈现出浅绿、亮绿、黄绿的色调，纹理较为细腻，颗粒感不强
3	草本沼泽	分布在山体沟谷或平原低洼处，局部地段可见有小湖泊或河流等明显的水体；草甸植被较发育，色调呈草绿色、深绿色、墨绿色、黑绿色、蓝色、蓝灰色调等，因水过饱和而较周围颜色深；表面形态大多呈不规则水浸状、斑杂状等，边界大都不明显。草本沼泽在影像上形状不规则，整体呈斑块状纹理特征，芦苇等水生植物呈毛绒状纹理
4	沼泽化草甸	主要包括分布在平原地区的沼泽化草甸以及高山和高原地区具有高寒性质的沼泽化草甸。一般出露在地势平坦的地区，在影像上主要呈现草绿色、黄绿色等，纹理细腻，没有颗粒感，呈不规则块状分布
5	潮间盐水沼泽	主要分布在盐湖、海滩周围，由于其植被覆盖度大于30%，所以在影像上呈现出深绿、蓝绿、黄绿等色调，其水域与植被交织分布，展现出不同色调的相间交叉出露

表 3 - 23　沼泽图斑类型示例影像

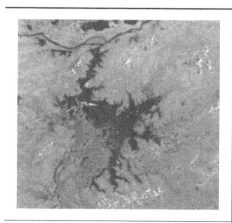

1. 森林沼泽

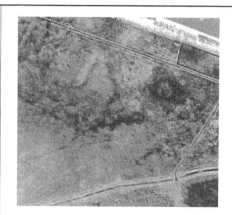

2. 灌丛沼泽

3. 草本沼泽

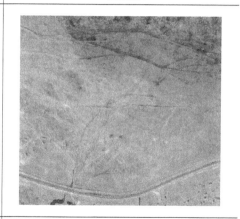

4. 沼泽化草甸

5. 潮间盐水沼泽

(八)海岸带

依据二级项目制定的技术要求，结合京津冀鲁地区海岸带类型实际情况，京津冀鲁地区海岸带资源存在近岸带、浅水海域、岩石海滩、沙石海滩、淤泥质海滩、河口水域及河口三角洲六类。由于近岸带、浅海水域是依据中国海域水深线划分的，因此不需要解译标志。海岸带图斑类型解译标志分类与海岸带图斑类型示例影像见表3－24和表3－25。

表3－24 海岸带图斑类型解译标志分类

序号	海岸带类型	海岸带类型界定
1	岩石海滩	底部基质75%以上是岩石和砾石，包括岩石性沿海岛屿、海岩峭壁。在影像上主要呈现灰白、亮灰、白色调，纹理粗糙
2	沙石海滩	由砂质或沙石组成的，植被盖度<30%的疏松海滩。在影像上主要呈现黄色、沙黄、亮黄色调，纹理较为细腻、光滑
3	淤泥质海滩	由淤泥质组成的植被盖度<30%的淤泥质海滩。淤泥堆积导致影像纹理细腻，呈现土黄色
4	河口水域及河口三角洲	从近口段的潮区界（潮差为零）至口外海滨段的淡水舌锋缘之间的永久性水域以及河口系统四周冲积的泥/沙滩，沙洲、沙岛（包括水下部分）植被盖度<30%。此处为黄河三角洲地区，淤泥砂石堆积导致影像纹理细腻，呈现土黄色、灰白色

表3－25 海岸带图斑类型示例影像

1. 岩石海滩	2. 沙石海滩

3. 淤泥质海滩	4. 河口水域及河口三角洲

（九）其他水域

京津冀鲁地区常见的其他水域图斑类型解译标志分类与其他水域图斑类型示例影像见表 3 - 26 和表 3 - 27。

表 3 - 26　其他水域图斑类型解译标志分类

序号	其他水域类型	其他水域类型界定
1	水库水面	位于河流中、下游谷地，多分布在河流中或几条沟的汇流处，往往在峡谷狭窄处筑有拦水大坝；形态较规则，边界清晰，色调呈均匀的蓝、深蓝、蓝黑、黑色等
2	水库滩涂	水库正常蓄水位与洪水位间的滩地。在影像上呈现出深绿色、蓝绿色等，处于水库周围，覆盖有绿色调的植被
3	淡水养殖场	多位于内陆地区，形状往往较为规则，典型的呈格子状、方块状，边界清晰，水域中心常常可见若干白点，为增氧机，色调呈绿色、深绿、蓝黑、黑色等
4	海水养殖场	常常位于靠近海岸地区或者位于海边，形状十分规则，往往呈格子状、方块状，边界清晰，水域中心常常可见若干白点，为增氧机，色调往往呈均匀深蓝、蓝黑、黑色等
5	坑塘	面积较小，多位于地势低平地区，边界清晰，形状较为规则，往往呈规则的多边形，主要分布在农田、村庄附近，色调上呈绿色、深绿、蓝色、深蓝、黑色等
6	沟渠	往往位于地势平坦地区，形状十分规则，宽度较普通河流窄，沿着农田边界形成细长的水道，色调往往呈均匀深蓝、蓝黑、黑色等

续表

序号	其他水域类型	其他水域类型界定
7	季节性洪泛农用湿地	常常位于三角洲、季节性河流、冲击平原地区，随着季节性河水涨落，会被淹没在水面之下，地势较低，形状不太规则，色调上往往呈灰绿色、粉紫色等
8	采矿挖掘区和塌陷积水区	常常位于矿山活动附近，没有固定的形状，挖掘区植被破坏严重，因挖掘导致地势低洼，常常形成积水，色调上往往呈均匀深蓝、蓝黑、黑色等
9	城市公园景观水面	常常位于城市市区或者郊区，形状不规则，可见人工设施及道路交通设施，附近植被整齐划一，色调上往往呈均匀深蓝、蓝黑、黑色等
10	其他人工湿地	常常位于一些工业活动或矿山活动附近，有规则的形态，经常呈圆形或长方形的格子状，色调上呈绿色、深绿、深蓝、深黑色等

表 3 – 27　其他水域图斑类型示例影像

1. 水库水面	2. 水库滩涂
3. 淡水养殖场	4. 海水养殖场

续表

5. 坑塘

6. 沟渠

7. 季节性洪泛农用湿地

8. 采矿挖掘区和塌陷积水区

9. 城市公园景观水面

10. 其他人工湿地

(十) 建筑用地

建筑用地图斑类型解译标志分类与建筑用地图斑类型示例影像见表 3 – 28 和表 3 – 29。

表 3 – 28　建筑用地图斑类型解译标志分类

序号	建筑用地类型	建筑用地类型界定
1	城镇村庄	通常指具有一定规模工商业的居民点。在影像上可以看到整齐的房屋排列
2	交通运输用地	可以在影像上清晰地看出道路分布，其中水泥质的道路在影像上呈现亮灰、灰白色调，柏油路呈现深灰、灰色色调等，土路、渣路呈现土黄色、黄色色调等
3	采矿用地	可以在影像上看出整齐的挖掘痕迹，由于基岩出露，一般呈现灰白色、亮灰色调，但也有由于长时间废弃、风化导致开采面呈现灰黑、黄灰、黄黑色调。可以清晰地看出矿山活动，包括矿山建筑等
4	盐田	盐田分布在盐湖周边，影像上呈均匀的浅蓝—深蓝色、灰白—灰褐色色调，色调深浅不一，规则整齐的多边形，总体为斑块状、条块状纹形，局部可见格网状纹形，表面细腻，轮廓清晰
5	其他建筑用地	正在施工的建筑用地、废弃工厂等

表 3 – 29　建筑用地图斑类型示例影像

1. 城镇村庄

续表

2. 交通运输用地	3. 采矿用地

4. 盐田	5. 其他建筑用地

（十一）未利用土地

未利用土地图斑类型解译标志分类与未利用土地图斑类型示例影像见表 3 - 30 和表 3 - 31。

表 3 - 30　未利用土地图斑类型解译标志分类

序号	未利用土地类型	未利用土地类型界定
1	盐碱地	在影像上呈现亮色调，不规则形状，斑点状或片状影纹，分布于条田中。一般越靠近海岸，盐碱化越重
2	沙地	沙地影像泛虚，呈白色或灰白色，反射率高，色调较亮
3	裸地	裸地为片状或带状，淡灰色或亮灰色，周围界线比较圆顺清晰，反射率低于沙地，颜色发灰

表 3 – 31 未利用土地图斑类型示例影像

1. 盐碱地

| 2. 沙地 | 3. 裸地 |

第二节 北京市自然资源分布现状及动态分析

一、耕地

按照《全国自然资源遥感综合调查与信息系统建设技术要求（2017 年）》

的技术标准，根据项目组解译成果和野外调查情况，从区域分布看（参照国家统计局区域划分），2016 年北京市耕地资源总量为 2305.87 平方千米。其中，水田覆盖面积为 11.22 平方千米，水浇地覆盖面积为 1184.14 平方千米，旱地覆盖面积为 1110.51 平方千米。耕地资源主要分布于顺义区、延庆区、大兴区、密云区、房山区、通州区，具体情况见表 3 - 32 所示。

表 3 - 32　北京市耕地资源统计

类型	水田	水浇地	旱地
面积（km²）	11.22	1184.14	1110.51
合计（km²）		2305.87	
占北京市面积百分比	0.07%	7.22%	6.77%
合计		14.06%	

按行政区县划分：顺义区耕地面积最大，为 337.80 平方千米，占北京市耕地资源的 14.65%；其次为延庆区，耕地资源面积为 337.25 平方千米，占北京市耕地资源的 14.62%；再次为大兴区，耕地资源面积为 318.09 平方千米，占北京市耕地资源的 13.79%；剩下区县的耕地资源面积所占北京市耕地资源比例依次为密云区、房山区、通州区、昌平区、怀柔区、平谷区、海淀区、朝阳区、丰台区、门头沟区、石景山区；东城区及西城区无耕地资源。具体详见表 3 - 33。

表 3 - 33　北京市耕地资源统计（按区划分）

区县名称	面积（km²）	占北京总耕地百分比	区县名称	面积（km²）	占北京总耕地百分比
顺义区	337.80	14.65%	平谷区	107.80	4.68%
延庆区	337.25	14.62%	海淀区	31.95	1.39%
大兴区	318.09	13.79%	朝阳区	29.70	1.29%
密云区	296.15	12.84%	丰台区	23.69	1.03%
房山区	291.82	12.66%	门头沟区	18.78	0.81%
通州区	210.51	9.13%	石景山区	1.57	0.07%
昌平区	157.38	6.83%	东城区	0.00	0.00%
怀柔区	143.38	6.22%	西城区	0.00	0.00%

分析对比第二次全国土地调查与 2016 年本次调查的北京市耕地数据，北

京市耕地资源面积整体增加了34.17平方千米。按项目技术要求规定，调查的耕地数据中未除去田坎以及耕地之间8~20米的农村道路。综合考虑以上因素，北京市耕地资源面积总体上呈减少趋势。根据野外实际调查情况，北京市减少的耕地集中在北京东部地区。耕地资源减少的原因主要是城市扩张，建设用地取代了大量耕地。但是在耕地减少的背景下，政府积极推进耕地占比平衡政策，以保护耕地资源，在对沙化严重的耕地进行退耕还林的同时，对耕作层未被破坏的坑塘进行了退水还耕。如图3-1所示，通州区北部某处2009年矢量图上为坑塘水面，而2016年影像上已转变为水浇地，经实地验证，为水浇地。

图3-1　坑塘水面转变为水浇地

二、园地

按照《全国自然资源遥感综合调查与信息系统建设技术要求（2017年）》的技术标准，根据项目组解译成果和野外调查情况，从区域分布看（参照国家统计局区域划分），2016年北京市园地资源总量为492.47平方千米。其中，果园覆盖面积为468.46平方千米，茶园覆盖面积为0.11平方千米，其他园地覆盖面积为23.90平方千米。园地资源主要分布于平谷区，具体情况见表3-34所示。

表 3 - 34　北京市园地资源统计

类型	果园	茶园	其他园地
面积（km²）	468.46	0.11	23.90
合计（km²）	492.47		
占北京市面积百分比	2.85%	0.00%	0.15%
合计	3.00%		

按行政区县划分：平谷区园地面积最大，为 210.19 平方千米，占北京市园地资源的 42.68%；其次为昌平区，园地资源面积为 67.62 平方千米，占北京市园地资源的 13.73%；再次为延庆区，园地资源面积为 65.82 平方公里，占北京市园地资源的 13.36%；剩下区县的园地资源面积所占北京市园地资源比例依次为房山区、门头沟区、海淀区、大兴区、丰台区、通州区、密云区、怀柔区、石景山区、朝阳区、顺义区；东城区及西城区无园地资源。具体见表 3 - 35。

表 3 - 35　北京市园地资源统计（按区县划分）

区县名称	面积（km²）	占北京总园地百分比	区县名称	面积（km²）	占北京总园地百分比
平谷区	210.19	42.68%	通州区	5.59	1.14%
昌平区	67.62	13.73%	密云区	2.35	0.48%
延庆区	65.82	13.36%	怀柔区	2.18	0.44%
房山区	57.75	11.73%	石景山区	0.99	0.20%
门头沟区	38.69	7.86%	朝阳区	0.91	0.18%
海淀区	16.11	3.27%	顺义区	0.81	0.16%
大兴区	12.15	2.47%	东城区	0.00	0.00%
丰台区	11.31	2.30%	西城区	0.00	0.00%

分析对比第二次全国土地调查与 2016 年本次调查的北京市园地数据，2016 年北京市园地面积减小了 923.70 平方千米，园地面积减少了 65.23%，减少的园地集中在密云区和怀柔区，密云区减少得最多，减少了 336.24 平方千米，其次是怀柔区，减小了 203.50 平方千米。北京市园地面积减少原因主要为：2009 年至 2016 年北京市人口增多，城镇村庄加速建设，在野外查证过程中有较多大面积的枣园等果园被政府征用，用来建设科技工业园等；一些承包到期的果园由政府统一管理，人工种植树木，使得园地面积有所减少。如平

谷区南部矢量，有部分果园转变为疏林，野外验证照片如图 3 - 2 所示。

图 3 - 2　果园转变为疏林

三、林地

按照《全国自然资源遥感综合调查与信息系统建设技术要求（2017 年）》的技术标准，根据项目组解译成果和野外调查情况，从区域分布看（参照国家统计局区域划分），2016 年北京市林地资源总量为 9802.64 平方千米。其中，乔木林覆盖面积为 3328.43 平方千米，灌木林地覆盖面积为 4200.43 平方千米，疏林覆盖面积为 799.95 平方千米，其他林地覆盖面积为 1473.83 平方千米。林地资源主要分布于北部延庆区、怀柔区和密云区，南部房山区和门头沟区，具体情况见表 3 - 36。

表 3 - 36　2016 年北京市林地资源统计

类型	乔木林	灌木林	疏林	其他林地
面积（km²）	3328.43	4200.43	799.95	1473.83
合计（km²）	9802.64			
占北京市面积百分比	20.28%	25.60%	4.87%	8.98%
合计	59.73%			

按行政区县划分：怀柔区林地面积最大，为 1807.69 平方千米，占北京市林地资源的 18.44%；其次为密云区，林地资源面积为 1589.51 平方千米，占

北京市林地资源的16.22%；再次为延庆区，林地资源面积为1457.97平方千米，占北京市林地资源的14.87%；剩下区县的林地资源面积所占北京市林地资源比例依次为门头沟区、房山区、昌平区、平谷区、通州区、顺义区、大兴区、海淀区、朝阳区、丰台区、石景山区、东城区、西城区。具体见表3-37。

表3-37　2016年北京市林地资源统计（按区县划分）

区县名称	面积（km²）	占北京市总林地百分比	区县名称	面积（km²）	占北京市总林地百分比
怀柔区	1807.69	18.44%	顺义区	285.89	2.92%
密云区	1589.51	16.22%	大兴区	284.37	2.90%
延庆区	1457.97	14.87%	海淀区	107.78	1.10%
门头沟区	1307.02	13.33%	朝阳区	91.74	0.94%
房山区	1276.63	13.02%	丰台区	51.40	0.52%
昌平区	724.47	7.39%	石景山区	28.19	0.29%
平谷区	479.41	4.89%	东城区	6.64	0.07%
通州区	297.87	3.04%	西城区	6.06	0.06%

北京市2016年林地面积比2015年增加了799.56平方千米。增加的林地资源主要集中在其他林地。与2015年北京市林地数据相比，灌木林地、有林地、其他林地的面积变化如图3-3所示。可以看出，北京市林地增加的主要是其他林地，而有林地和灌木林地也有所增加。

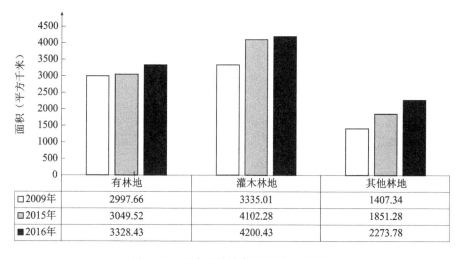

	有林地	灌木林地	其他林地
□2009年	2997.66	3335.01	1407.34
▨2015年	3049.52	4102.28	1851.28
■2016年	3328.43	4200.43	2273.78

图3-3　北京市林地资源面积变化对比

结合 2015 年北京市林地数据和解译数据空间对比来看，发现其他林地的增加主要集中在通州、大兴地区，主要是 2015 年山区中部分草地已转换为其他林地。同时有林地的增加主要集中在怀柔区，灌木林地的增加主要集中在门头沟区。怀柔区林地资源在 2016 年成果数据为 1807.69 平方千米，相较于 2015 年成果数据的 1748.57 平方千米增加了 59.12 平方千米，其主要增加的类别是有林地。门头沟区林地资源在 2016 年成果数据为 1307.02 平方千米，相较于 2015 年成果数据的 1288.41 平方千米增加了 18.61 平方千米，其主要增加的类别是灌木林地。

通州区林地面积的增加，主要为政策因素。为进一步加快"京津冀一体化"国家战略，有序疏解北京非首都功能是实现北京可持续发展的关键一步，也是京津冀协同发展的关键环节和重中之重，有利于发挥京津冀各自比较优势，开辟区域优化开发新局面，打造具有较强竞争力的世界级城市群，引领经济发展新常态。通州作为"城市副中心"在 2016 年度发生重大变化，城市化进程加快，同时区内自然资源、生态环境现状和土地利用现状的转变也加快了进程。项目组将通州地区作为野外验证的重点区域，先后两次对通州地区进行验证，发现通州地区 2015 年为耕地或者裸地的区域绝大部分转变为林地，与项目组解译结果一致，也与当地相关土地变化政策相符。具体情况如图 3 - 4 所示。

图 3 - 4　通州林地野外验证照片

分析对比第二次全国土地调查与 2016 年本次调查的北京市林地数据，北京市林地资源面积增加了 2062.64 平方千米，增加百分比为 26.65%，增加的林地资源集中在房山区、大兴区和门头沟区。其中房山区增加最多，增加了 425.67 平方千米；其次是大兴区，增加了 240.39 平方千米；第三是门头沟区，增加了 225.52 平方千米。通过收集资料发现，林地资源面积增加的主要原因有：前十年北京市受沙尘影响严重，每年春季为沙尘暴天气的高发季节，沙尘的来源是上百公里以外的沙漠和戈壁。近年来，北京市沙尘天气有所缓解，主要在于北京市北部山区的延庆、怀柔和密云进行了大规模的植树造林活动，对沙尘有了一定的阻挡作用；南部的房山、门头沟地区的山区，近年来的封山育林，大大加快绿化速度，使得北京市的林地资源面积增加。如图 3-5 所示的影像和野外照片，2009 年二调数据为水浇地，而 2016 年影像已转变为林地。

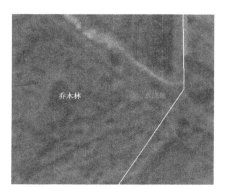 

图 3-5　水浇地转变为林地

四、草地

按照《全国自然资源遥感综合调查与信息系统建设技术要求（2017 年）》的技术标准，根据项目组解译成果和野外调查情况，从区域分布看（参照国家统计局区域划分），2016 年北京市草地资源总量为 141.16 平方千米。其中，天然草地覆盖面积为 19.54 平方千米，人工草地覆盖面积为 8.62 平方千米，其他草地覆盖面积为 113.00 平方千米。草地资源主要分布于大兴区、昌平区、房山区、密云区、朝阳区和通州区，具体情况见表 3 - 38 和表 3 - 39。

表 3 - 38　2016 年北京市草地资源统计

类型	天然草地	人工草地	其他草地
面积（km²）	19.54	8.62	113.00
合计（km²）	141.16		
占北京市面积百分比	0.12%	0.05%	0.69%
合计	0.86%		

按行政区县划分：其中大兴区草地面积最大，为 30.48 平方千米，占北京市草地资源的 21.59%；其次为昌平区，草地资源面积为 22.47 平方千米，占北京市草地资源的 15.92%；再次为房山区，草地资源面积为 19.41 平方千米，占北京市草地资源的 13.75%；剩下区县的草地资源面积所占北京市草地资源比例依次为密云区、朝阳区、通州区、怀柔区、顺义区、延庆区、石景山区、平谷区、门头沟区、丰台区、海淀区、西城区、东城区，具体情况见表 3 - 39所示。

表 3 - 39　北京市草地资源统计（按区县划分）

区县名称	面积（km²）	占北京市总草地百分比	区县名称	面积（km²）	占北京市总草地百分比
大兴区	30.48	21.59%	延庆区	6.75	4.78%
昌平区	22.47	15.92%	石景山区	1.51	1.07%
房山区	19.41	13.75%	平谷区	1.31	0.93%
密云区	15.36	10.88%	门头沟区	0.82	0.58%
朝阳区	14.91	10.56%	丰台区	0.21	0.15%
通州区	10.21	7.23%	海淀区	0.08	0.06%
怀柔区	9.20	6.52%	西城区	0.04	0.03%
顺义区	8.38	5.94%	东城区	0.01	0.01%

北京市 2016 年草地面积比 2015 年增加了 49.04 平方千米。增加的草地资源主要集中在了其他草地，而天然草地与人工草地面积明显减小，其原因主要为 2016 年度及 2017 年度解译工作中草地的分类标准有所不同。与 2015 年北京市草地数据相比，天然草地、人工草地、其他草地的面积变化如图 3 - 6所示。

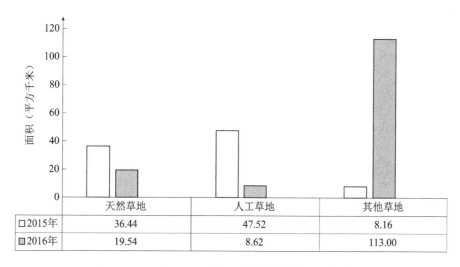

	天然草地	人工草地	其他草地
□2015年	36.44	47.52	8.16
■2016年	19.54	8.62	113.00

图 3 – 6　2015 年、2016 年北京市草地资源面积变化对比

　　根据野外验证结果，北京市很多的裸地，其上已长有不同程度的杂草，由于杂草生长并不十分茂盛，因此未将原来裸露的土地全部覆盖，还可见到有土地出露，项目组将这类草地定义为其他草地。

　　分析对比第二次全国土地调查与 2016 年本次调查的北京市草地数据，全市草地资源面积比 2009 年增加了 53.43%，增加的面积集中在了其他草地。其中，大兴区草地面积增加最多，增加了 28.81 平方千米；其次是朝阳区，增加了 14.91 平方千米；第三是昌平区，增加了 14.25 平方千米。个别区县草地面积有所减少，其中丰台区减少最多，减少了 0.44 平方千米；其次是海淀区，减少了 0.38 平方千米；第三是顺义区，减少了 0.36 平方千米。

　　北京市 2009—2016 年草地资源有所增加，虽然增加百分比达到了 53.43%，但增加的面积不足 50 平方千米，增加的原因主要是：政府大力推进退耕还林还草政策，对沙化严重的和产粮率低的耕地进行绿化，对其种植林地和草地植被；而且依据本次工作技术要求，北京市部分山区影像上灰白色裸露土地若稍有绿色纹理，则规定不划为"裸地"，而是认定为"荒草地"，归为"其他草地"中，使得草地面积增加显著。例如，房山区某二调数据为裸地，2016 年影像上可见已转变为其他草地，如图 3 – 7 所示。

图 3 - 7   裸地转变为其他草地

五、其他土地

按照《全国自然资源遥感综合调查与信息系统建设技术要求（2017 年）》的技术标准，根据项目组解译成果和野外调查情况，从区域分布看（参照国家统计局区域划分），2016 年北京市其他土地资源总量为 3227.86 平方千米。其中，沙地裸地覆盖面积为 31.19 平方千米，建设用地覆盖面积为 3196.67 平方千米。其他土地资源主要分布于大兴区、顺义区、通州区、昌平区、朝阳区、房山区，具体情况见表 3 - 40。

表 3 - 40   北京市其他土地资源统计

类型	沙地裸地	建设用地
面积（km²）	31.19	3196.67
合计（km²）	3227.86	
占北京市面积百分比	0.19%	19.48%
合计	19.67%	

按行政区县划分：大兴区其他土地资源面积最大，为 375.41 平方千米，占北京市其他土地资源的 11.63%；其次为顺义区，其他土地资源面积为 348.33 平方千米，占北京市其他土地资源的 10.79%；再次为通州区，其他土地资源面积为 347.99 平方千米，占北京市其他土地资源的 10.78%；剩下区县的其他土地面积所占北京市其他土地资源比例依次为昌平区、朝阳区、房山

区、海淀区、丰台区、密云区、怀柔区、平谷区、延庆区、门头沟区、石景山区、西城区、东城区。具体见表 3 - 41。

表 3 - 41　北京市其他土地资源统计（按区县划分）

区县名称	面积（km²）	占北京市其他土地百分比	区县名称	面积（km²）	占北京市其他土地百分比
大兴区	375.41	11.63%	密云区	171.01	5.30%
顺义区	348.33	10.79%	怀柔区	123.47	3.83%
通州区	347.99	10.78%	平谷区	122.13	3.78%
昌平区	340.86	10.56%	延庆区	104.79	3.25%
朝阳区	309.79	9.60%	门头沟区	73.76	2.29%
房山区	309.11	9.58%	石景山区	50.85	1.58%
海淀区	263.92	8.18%	西城区	42.61	1.32%
丰台区	209.29	6.48%	东城区	34.54	1.07%

分析对比第二次全国土地调查与 2016 年本次调查的北京市其他土地资源数据，北京市其他土地资源面积减少了 8.81 平方千米，减少百分比为 0.27%，减少的面积主要集中在裸地。该变化的原因主要是：自 2009 年至 2016 年以来，政府针对沙化严重的裸地进行了环境恢复治理，或占用为建设用地，使得裸地有所减少；"京津风沙源治理工程"的实施，在永定河、潮白河流域，延庆康庄、昌平南口等重点风沙危害区和主要风口处营造防风固沙林，风沙危害区的治理已经取得了良好的生态效益，在风沙区形成上层乔木、中层灌木、下层草本的立体防沙固沙体系。

六、地表水

按照《全国自然资源遥感综合调查与信息系统建设技术要求（2017 年）》的技术标准，根据项目组解译成果和野外调查情况，从区域分布看（参照国家统计局区域划分），2016 年北京市地表水资源总面积为 277.72 平方千米。其中，河流水面覆盖面积为 74.10 平方千米，湖泊水面覆盖面积为 3.85 平方千米，水库水面覆盖面积为 150.12 平方千米，坑塘水面覆盖面积为 41.33 平方千米，沟渠覆盖面积为 8.32 平方千米。地表水资源主要分布于北部顺义区、密云区，南部通州区。具体情况见表3-42。

表3-42　北京市地表水资源统计

类型	河流水面	湖泊水面	水库水面	坑塘水面	沟渠
面积（km²）	74.10	3.85	150.12	41.33	8.32
合计（km²）	277.72				
占北京市面积百分比	0.45%	0.02%	0.91%	0.25%	0.05%
合计	1.68%				

按行政区县划分：密云区地表水面积最大，为119.48平方千米，占北京市地表水资源的43.02%；其次为通州区，地表水资源面积为26.64平方千米，占北京市地表水资源的9.59%；再次为顺义区，地表水资源面积为24.58平方千米，占北京市地表水资源的8.85%；剩下区县的地表水资源面积所占北京市地表水资源比例依次为延庆区、房山区、昌平区、怀柔区、大兴区、平谷区、朝阳区、门头沟区、海淀区、丰台区、西城区、东城区、石景山区。具体见表3-43。

表3-43　北京市地表水资源统计（按区县划分）

区县名称	面积（km²）	占北京市地表水百分比	区县名称	面积（km²）	占北京市地表水百分比
密云区	119.48	43.02%	平谷区	10.68	3.85%
通州区	26.64	9.59%	朝阳区	6.05	2.18%
顺义区	24.58	8.85%	门头沟区	6.00	2.16%
延庆区	18.10	6.52%	海淀区	4.73	1.70%
房山区	15.89	5.72%	丰台区	4.14	1.49%
昌平区	13.75	4.95%	西城区	1.63	0.59%
怀柔区	13.64	4.91%	东城区	0.40	0.14%
大兴区	11.96	4.31%	石景山区	0.05	0.02%

北京市2016年地表水面积比2015年减少了10.58平方千米。减少的地表水资源主要集中在河流水面，而水库水面的面积有所增加。2015年、2016年北京市河流水面、湖泊水面、水库水面、坑塘水面、沟渠的面积变化对比如图3-8所示。

结合2015年北京市地表水数据和项目组解译数据，从空间对比来看，发

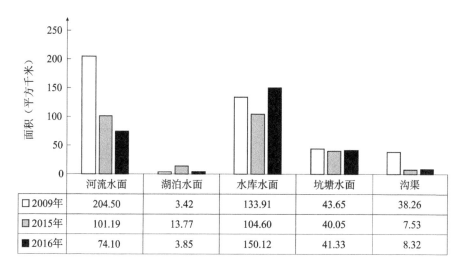

	河流水面	湖泊水面	水库水面	坑塘水面	沟渠
□2009年	204.50	3.42	133.91	43.65	38.26
▨2015年	101.19	13.77	104.60	40.05	7.53
■2016年	74.10	3.85	150.12	41.33	8.32

图 3 - 8　北京市地表水资源面积变化对比

现河流水面的减少集中在怀柔区和昌平区，而水库水面面积的增加主要集中在密云区。

根据北京市气象局的资料显示，怀柔和昌平两区 2016 年降水量相较 2015 年有所减少，故地表河流水面面积也有所减少。

而密云区水库面积的变化主要与密云水库调蓄工程有关。密云水库调蓄工程主要是从颐和园内团城湖取水，将南水北调来水加压输送至密云水库，增加密云水库蓄水量，提高北京市水资源战略储备量和城市供水率；加之汛期降雨、上游来水增加、通过白河堡水库集中输水等因素，密云水库蓄水量不断增加。

分析对比第二次全国土地调查与 2016 年本次调查的北京市地表水数据，北京市 2016 年地表水面积比 2009 年减少了 145.99 平方千米，其中减少的地表水主要集中在河流水面和沟渠。河流水面减少的原因主要是：依河流而居住的城镇村庄，大量开发利用河流水道，使得部分中下游河道失去了有源之水；以及政府允许在不影响河势稳定的前提下进行河道采砂，使得河道周围出现较多的作业人员与厂房，水库不得不加大蓄水功能，也使得河道水量减少，同时经野外实地验证发现，部分河流处于干涸状态。沟渠面积减少的原因是：原本用来灌溉农田的沟渠，随着耕地的退耕，众多沟渠废弃，不再有人工进行引水，使得沟渠面积有所减少。以上原因使得北京市地表水面积有所减少。如图 3 - 9 所示，左图为 2009 年二调数据，该处为水库，2016 年依托附近居民点将水库修建成城市景观水面。

图 3 – 9　地表水变化示意

第三节　天津市自然资源分布现状及动态分析

一、耕地

按照《全国自然资源遥感综合调查与信息系统建设技术要求（2017 年）》的技术标准，根据项目组解译成果和野外调查情况，从区域分布看（参照国家统计局区域划分），2016 年天津市耕地资源总量为 4753.61 平方千米。其中，水田覆盖面积为 347.40 平方千米，旱地覆盖面积为 4406.21 平方千米。耕地资源主要分布于静海区、宝坻区、武清区、宁河县和蓟州区，具体情况见表 3 –44 所示。

表 3 –44　天津市耕地资源统计

类型	水田	水浇地	旱地
面积（km²）	347.40	0	4406.21
合计（km²）		4753.61	
占天津市面积百分比	2.90%	0	36.82%
合计		39.72%	

按行政区县划分：静海区耕地资源面积最大，为 869.81 平方千米，占天津

市耕地资源的 18.30%；其次为宝坻区，耕地资源面积为 857.18 平方千米，占天津市耕地资源的 18.03%；再次为武清区，耕地资源面积为 833.86 平方千米，占天津市耕地资源的 17.54%；剩下区县的耕地资源面积所占天津市耕地资源比例由高到低依次为宁河区、蓟州区、滨海新区、北辰区、西青区、津南区、东丽区、红桥区、河东区、和平、河北区、南开区、河西区。具体详见表 3 –45。

表 3 –45　天津市耕地资源统计（按区县划分）

区县名称	面积（km²）	占天津市总耕地百分比	区县名称	面积（km²）	占天津市总耕地百分比
静海区	869.81	18.30%	津南区	96.84	2.04%
宝坻区	857.18	18.03%	东丽区	76.74	1.61%
武清区	833.86	17.54%	红桥区	0.08	0.00%
宁河区	791.93	16.66%	河东区	0.03	0.00%
蓟州区	576.42	12.13%	和平区	0	0.00%
滨海新区	351.87	7.40%	河北区	0	0.00%
北辰区	150.67	3.17%	南开区	0	0.00%
西青区	148.18	3.12%	河西区	0	0.00%

分析对比第二次全国土地调查与 2016 年本次调查的天津市耕地数据，2016 年天津市耕地资源面积增加了 281.95 平方千米，按项目技术要求规定，调查的耕地数据中未除去田坎以及耕地之间 8 ~20 米的农村道路。天津市地势平坦，水源充足，耕地之间有较多田间小道，综合考虑以上原因，天津市耕地资源总体上呈减少趋势，但减少面积较小。根据项目组收集到的资料，天津市自 1999 年实施耕地占补平衡制度以来，截至 2014 年累计补充耕地约 4 万公顷。天津市已连续多年维持占补平衡状态。但近年来天津市后备耕地严重匮乏，补充耕地难度加大，且补充耕地质量堪忧，机械化程度低，耕地整合不全面，规模化生产水平低。根据野外实际调查情况，天津市越来越重视耕地问题，对退耕还林政策大力推行，积极推进耕地占补平衡政策；对于盐碱化严重、产粮率较低的耕地进行退耕还林还草，同时对于耕作层未被破坏的坑塘进行退水还耕，在平衡耕地资源的同时对耕地资源进行整合开发。静海区有部分坑塘水面转变为旱地，影像和照片如图 3 –10 所示。

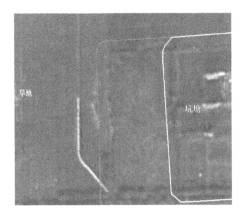

图 3 – 10　坑塘水面转变为旱地

二、园地

按照《全国自然资源遥感综合调查与信息系统建设技术要求（2017 年）》的技术标准，根据项目组解译成果和野外调查，从区域分布看（参照国家统计局区域划分），2016 年天津市园地资源总量为 26.48 平方千米。其中果园覆盖面积为 25.60 平方千米，其他园地覆盖面积为 0.88 平方千米。园地资源主要分布于蓟州区、静海区、西青区、武清区和北辰区，具体情况见表 3 – 46。

表 3 – 46　天津市园地资源统计

类型	果园	茶园	其他园地
面积（km²）	25.60	0.00	0.88
合计（km²）	26.48		
占天津市面积百分比	0.21%	0.00%	0.01%
合计	0.22%		

按行政区县划分：蓟州区园地资源面积最大，为 23.51 平方千米，占天津市园地资源的 88.78%；其次为静海区，园地资源面积为 2.10 平方千米，占天津市园地资源的 7.93%；再次为西青区，园地资源面积为 0.37 平方千米，占天津市园地资源的 1.40%；剩下区县的园地资源面积所占天津市园地资源比例依次为武清区、北辰区；其余区县均无园地资源。具体情况见表 3 – 47。

表 3 - 47　天津市园地资源统计（按区县划分）

区县名称	面积（km²）	占天津市总园地百分比	区县名称	面积（km²）	占天津市总园地百分比
蓟州区	23.51	88.78%	东丽区	0	0.00%
静海区	2.10	7.93%	津南区	0	0.00%
西青区	0.37	1.40%	河东区	0	0.00%
武清区	0.34	1.28%	南开区	0	0.00%
北辰区	0.16	0.60%	河西区	0	0.00%
滨海新区	0	0.00%	河北区	0	0.00%
宝坻区	0	0.00%	红桥区	0	0.00%
宁河区	0	0.00%	和平区	0	0.00%

　　分析对比第二次全国土地调查与 2016 年本次调查的天津市园地数据，2016 年天津市园地面积减少了 289.91 平方千米，减少百分比为 91.63%，减少的面积主要集中在蓟州区和静海区，其中蓟州区减少得最多，减少了 156.31 平方千米，其次是静海区，减少了 31.24 平方千米。天津市园地面积减少的原因主要是：近年来天津市人口数量增多，城镇村庄加速建设，政府征用部分园地建设为居住用地、经济园区和院校等；国家政策规定国有林地承包期限为 70 年，野外验证时发现有部分园地转变为其他林地，经了解，是承包期限到期所致。例如，武清区有部分果园转变为其他林地，影像和照片如图 3 - 11 所示。

图 3 - 11　果园转变为其他林地

三、林地

按照《全国自然资源遥感综合调查与信息系统建设技术要求（2017 年）》的技术标准，根据项目组解译成果和野外调查情况，从区域分布看（参照国家统计局区域划分），2016 年天津市林地资源总量为 1117.20 平方千米。其中，有林地覆盖面积为 701.70 平方千米，灌木林地覆盖面积为 41.03 平方千米，其他林地覆盖面积为 374.47 平方千米。林地资源主要分布于北部蓟州区、武清区和宝坻区，南部静海区和滨海新区，具体情况见表 3 – 48。

表 3 – 48　2016 年天津市林地资源统计

类型	有林地	灌木林地	其他林地
面积（km²）	701.70	41.03	374.47
合计（km²）	1117.20		
占天津市面积百分比	5.86%	0.34%	3.13%
合计	9.33%		

按行政区县划分：蓟州区林地资源面积最大，为 536.93 平方千米，占天津市林地资源的 48.06%；其次为武清区，林地资源面积为 145.75 平方千米，占天津市林地资源的 13.05%；再次为宝坻区，林地资源面积为 123.90 平方千米，占天津市林地资源的 11.09%；剩下区县的林地资源面积占天津市林地资源比例由高到低依次为静海区、滨海新区、北辰区、西青区、宁河区、东丽区、津南区、河北区、河东区、河西区、南开区、红桥区、和平区。具体见表 3 – 49。

表 3 – 49　天津市林地资源统计（按区县划分）

区县名称	面积（km²）	占天津市总林地百分比	区县名称	面积（km²）	占天津市总林地百分比
蓟州区	536.93	48.06%	东丽区	19.45	1.74%
武清区	145.75	13.05%	津南区	17.86	1.60%
宝坻区	123.90	11.09%	河北区	1.11	0.10%
静海区	107.61	9.63%	河东区	0.9	0.08%
滨海新区	65.97	5.90%	河西区	0.74	0.07%
北辰区	48.81	4.37%	南开区	0.6	0.05%
西青区	26.81	2.40%	红桥区	0.52	0.05%
宁河区	20.18	1.81%	和平区	0.06	0.01%

天津市 2016 年林地面积比 2015 年增加了 461.25 平方千米。与 2015 年天津市林地数据相比，林地增加的主要是有林地、其他林地，而灌木林地有所减少。灌木林、有林地、其他林地的面积变化如图 3 – 12 所示。

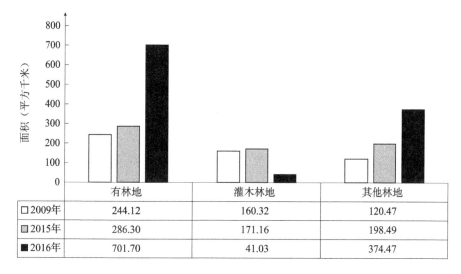

	有林地	灌木林地	其他林地
□2009年	244.12	160.32	120.47
▨2015年	286.30	171.16	198.49
■2016年	701.70	41.03	374.47

图 3 – 12　天津市林地资源面积变化对比

结合 2015 年天津市林地数据和项目组解译数据空间对比来看，发现有林地的增加主要集中在蓟州区，主要是由该地区的灌木林转变过来的。同时其他林地的增加主要集中在静海地区。蓟州区林地资源在 2016 年成果数据为 536.93 平方千米，相较 2015 年成果数据的 434.58 平方千米增加了 102.35 平方千米，其主要增加的类别是有林地。

天津市作为进入 21 世纪中国经济发展的重要引擎之一，正在努力建设北方经济中心和宜居的生态城市，林业的生态功能在天津市新一轮发展中具有举足轻重的作用。近年来，在天津市市委、市政府的正确领导下，天津市造林绿化事业发展迅速，森林资源增长较快，林分质量得到改善，林业布局趋于合理，生态功能得到了进一步优化。

天津市市委、市政府对天津市林业发展非常重视，把林业生态建设放在更加突出的位置，《2012 年绿色天津林业建设规划提纲》提出，在未来三到五年的时间里，努力使天津大地大面积绿起来。天津市市政府主要领导对林业作出专门批示，提出制定市域绿地系统规划、研究政策保障措施等意见，为天津市林业生态建设指明了方向。

天津市作为我国四大直辖市之一，是北方地区最大的沿海开放城市，在经济高速发展的同时也增加了对土地资源的需求，改变了不同类型土地资源的均衡比例，进而影响了生态系统的均衡与功能维持。为实现经济和生态的协调发展，也为了实现天津市以生态建设为主的全面、协调和可持续发展，天津市发展林业产业。林地对天津的生态建设发展具有重大影响。

天津的道路两侧绿化工程和城市周边及村镇绿化工程，都有很大程度的实施。根据野外验证结果，天津市在大部分的道路两旁，曾经为园地的区域基本已完成退园还林工作，其他为草地的区域有些也已经栽种了树苗，但由于都为人工种植的树苗，且树苗种植时间较短，长势一般，因此项目组将这类林地定义为其他林地。同时项目组对比第二次全国土地调查天津市林地数据，2015年与2016年整体解译成果与二调中的林地面积相比，增加幅度很大，增加的林地资源主要集中在有林地、其他林地，灌木林地有所减少，主要是变化成了有林地。

有林地增加的主要原因是：蓟州区的大部分灌木林地转变为了有林地。在2016年中旬，项目组针对有林地、其他林地的增加，在2015年野外验证的基础上再一次进行追踪扩展验证，发现小部分在2015年仍定为草地的区域，已经栽种了低矮的其他林地。

分析对比第二次全国土地调查与2016年本次调查的天津市林地数据，2016年天津市各区林地资源面积均有所增加，全市增加了592.29平方千米，增加的面积主要集中在蓟州区、武清区和静海区，蓟州区增加最多，增加了153.08平方千米；其次是武清区，增加了108.09平方千米；第三是静海区，增加了92.83平方千米。天津市林地的增加，主要为平原地区有林地与其他林地的增加，很大一部分原因为天津市对林地资源的政策性支持。天津市林业局于2011年9月发布《天津市林地保护利用规划（2011—2020年）》，严格限制了林地转为建设用地，林地必须用于林业发展和生态建设，不得擅自改变用途；严格控制林地转为其他农用地，禁止毁林开垦、毁林挖塘等将林地转化为其他农用土地的行为；严格保护公益林地，合理区划界定公益林地，全面落实森林生态效益补偿基金制度和管护责任制；严禁擅自改变国家级公益林的性质，随意调整国家级公益林地的面积、范围或降低保护等级；加大对临时占用林地和灾毁林地修复力度；临时占用林地期满后必须按要求恢复林业生产条件，及时植树造林，恢复乔灌植被；加强林地和森林生态系统的防灾、抗灾、减灾能力建设，减少自然灾害损毁林地数量，对灾毁林地应及时进行修复治理。例如，通州区某处 2009 年为水浇地，2016 年已转变为其他林地，影像和照片如图 3-13 所示。

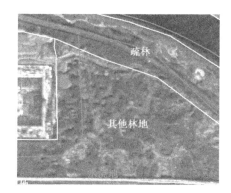

图 3-13　水浇地转变为其他林地

四、草地

按照《全国自然资源遥感综合调查与信息系统建设技术要求（2017 年）》的技术标准，根据项目组解译成果和野外调查情况，从区域分布看（参照国家统计局区域划分），2016 年天津市草地资源总量为 848.54 平方千米。其中，天然草地覆盖面积为 0.22 平方千米，人工草地覆盖面积为 3.53 平方千米，其他草地覆盖面积为 844.79 平方千米。草地资源主要分布于滨海新区、东丽区、武清区、宁河区、西青区、津南区、静海区、宝坻区、北辰区和蓟州区，具体情况见表 3-50。

表 3-50　天津市草地资源统计

类型	天然草地	人工草地	其他草地
面积（km²）	0.22	3.53	844.79
合计（km²）		848.54	
占天津市面积百分比	0.00%	0.03%	7.06%
合计		7.09%	

按行政区县划分：滨海新区草地面积最大，为222.15平方千米，占天津市草地资源的26.18%；其次为东丽区，草地资源面积为106.75平方千米，占天津市草地资源的12.58%；再次为武清区，草地资源面积为85.11平方千米，占天津市草地资源的10.03%；剩下区县的草地资源面积所占天津市草地资源比例（从高到低）依次为宁河区、西青区、津南区、静海区、宝坻区、北辰区、蓟州区、河东区、河北区、河西区、红桥区、南开区、和平区。具体详见表3-51。

表3-51　天津市草地资源统计（按区县划分）

区县名称	面积（km²）	占天津市总草地百分比	区县名称	面积（km²）	占天津市总草地百分比
滨海新区	222.15	26.18%	北辰区	47.01	5.54%
东丽区	106.75	12.58%	蓟州区	37.84	4.46%
武清区	85.11	10.03%	河东区	2.72	0.32%
宁河区	81.46	9.60%	河北区	2.21	0.26%
西青区	72.04	8.49%	河西区	1.95	0.23%
津南区	68.73	8.10%	红桥区	1.44	0.17%
静海区	65.68	7.74%	南开区	0.93	0.11%
宝坻区	52.44	6.18%	和平区	0.08	0.01%

天津市2016年草地面积比2015年增加了813.62平方千米。增加的草地资源主要集中在其他草地。与2015年天津市草地数据相比，天然草地、人工草地、其他草地的面积变化如图3-14所示。可以看出，其他草地显著增加，而天然草地和人工草地有所减少。

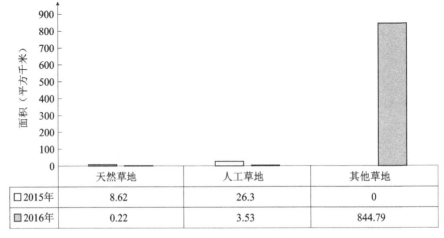

	天然草地	人工草地	其他草地
□2015年	8.62	26.3	0
▨2016年	0.22	3.53	844.79

图3-14　天津市草地资源面积变化对比

　　结合 2015 年天津市草地数据和项目组解译数据，从空间对比来看，发现其他草地在天津市所有行政区县都有所增加，主要是因为 2016 年工作技术要求中的草地分类标准与 2015 年度工作分类标准略有差别，其他草地中包含"荒草地"，使得其他草地面积大量增加。

　　根据野外验证结果，天津市往年的很多裸地，或是废弃的采矿用地等原来较为裸露的土地，其上已长有不同程度的杂草，项目组将这类草地定义为其他草地。

　　分析对比第二次全国土地调查与 2016 年本次调查的天津市草地数据，2016 年天津市各区草地资源均有所增加，全市增加了 706.97 平方千米。其中增加的草地面积主要集中在河西区、西青区和河北区，河西区增加最多，增加了 167.39 平方千米；其次是西青区，增加了 105.28 平方千米，再次是河北区，增加了 83.13 平方千米。收集资料发现，天津市 2007—2016 年草地资源增加的原因主要是：近年来天津市内提升和改造了一批公园和绿地广场，同时，天津市大范围地新建提升绿地面积，新建多处绿化节点，使天津市草地面积大幅增加；天津市政府大力推进退耕还林还草政策，其中主要将原本的沙地、裸地和产粮率较低的耕地进行绿化，原本的沙地、裸地和部分耕地转变为林地草地，使得草地面积增加明显。例如，2009 年静海区某二调数据为裸地，而 2016 年影像上可见绿色分布，经实地观察，已转变为其他草地，影像和野外照片如图 3－15 所示。

图 3－15　裸地转变为其他草地

五、其他土地

按照《全国自然资源遥感综合调查与信息系统建设技术要求（2017 年）》的技术标准，根据项目组解译成果和野外调查情况，从区域分布看，2016 年天津市其他土地资源总量为 3307.45 平方千米。其中，沙地裸地覆盖面积为 367.90 平方千米，建设用地覆盖面积为 2939.55 平方千米，见表 3–52。其他土地资源主要分布于滨海新区、武清区、蓟州区、静海区和宝坻区。

表 3–52　2016 年天津市其他土地资源统计

类　　型	沙地裸地	建设用地
面积（km²）	367.90	2939.55
合　计（km²）	3307.45	
占天津市面积百分比	3.07%	24.56%
合　计	27.63%	

按行政区县划分：滨海新区其他土地资源面积最大，为 1086.58 平方千米，占天津市其他土地资源的 32.85%；其次为武清区，其他土地资源面积为 331.83 平方千米，占天津市其他土地资源的 10.03%；再次为蓟州区，其他土地资源面积为 278.34 平方千米，占天津市其他土地资源的 8.42%；剩下区县的其他土地资源面积所占天津市其他土地资源比例从高到低依次为静海区、宝坻区、西青区、东丽区、北辰区、宁河区、津南区、河东区、南开区、河西区、河北区、红桥区、和平区。具体见表 3–53。

表 3–53　2016 年天津市其他土地资源统计（按区县划分）

区县名称	面积（km²）	占天津市其他土地百分比	区县名称	面积（km²）	占天津市其他土地百分比
滨海新区	1086.58	32.85%	宁河区	173.48	5.25%
武清区	331.83	10.03%	津南区	143.29	4.33%
蓟州区	278.34	8.42%	河东区	37.21	1.13%
静海区	265.31	8.02%	南开区	37.13	1.12%
宝坻区	264.51	8.00%	河西区	33.63	1.02%
西青区	213.96	6.47%	河北区	25.28	0.76%
东丽区	209.03	6.32%	红桥区	18.27	0.55%
北辰区	179.87	5.44%	和平区	9.71	0.29%

分析对比第二次全国土地调查与 2016 年本次调查的天津市其他土地数据，2016 年天津市其他土地面积减少 25.52 平方千米，减少百分比为 0.77%，基本与二调数据持平，说明从 2009 年至 2016 年天津市其他土地面积变化较小，减少的面积主要集中在采矿用地。天津市采矿用地减少的主要原因是：政府积极推进对废弃采矿用地的绿化，使得采矿用地减少明显；"京津风沙源治理工程"的实施，为天津市的采矿用地和裸地换上绿装，使得其他土地面积有所减少。

六、地表水

按照《全国自然资源遥感综合调查与信息系统建设技术要求（2017 年）》的技术标准，根据项目组解译成果和野外调查情况，从区域分布看（参照国家统计局区域划分），2016 年天津市地表水资源总量为 886.09 平方千米。其中，河流水面覆盖面积为 237.83 平方千米，湖泊水面覆盖面积为 19.04 平方千米，水库水面覆盖面积为 151.48 平方千米，坑塘水面覆盖面积为 177.31 平方千米，沟渠覆盖面积为 300.43 平方千米。地表水资源主要分布于滨海新区、宝坻区、宁河区、静海区和蓟州区，具体情况见表 3 – 54。

表 3 – 54　天津市地表水资源统计

类型	河流水面	湖泊水面	水库水面	坑塘水面	沟渠
面积（km^2）	237.83	19.04	151.48	177.31	300.43
合计（km^2）	886.09				
占天津市面积百分比	1.99%	0.16%	1.27%	1.48%	2.51%
合计	7.41%				

按行政区县划分：滨海新区地表水面积最大，为 202.56 平方千米，占天津市地表水资源的 22.86%；其次为宝坻区，地表水资源面积为 129.83 平方千米，占天津市地表水资源的 14.65%；再次为宁河区，地表水资源面积为 124.29 平方千米，占天津市地表水资源的 14.03%；剩下区县的地表水资源面积所占天津市地表水资源比例从高到低依次为静海区、蓟州区、武清区、西青区、北辰区、东丽区、津南区、河东区、河西区、河北区、红桥区、南开区、和平区。具体详见表 3 – 55。

表 3 - 55   天津市地表水资源统计（按区县划分）

区县 名称	面积 （km²）	占天津市地表 水百分比	区县 名称	面积 （km²）	占天津市地表 水百分比
滨海新区	202.56	22.86%	东丽区	31.46	3.55%
宝坻区	129.83	14.65%	津南区	13.77	1.55%
宁河区	124.29	14.03%	河东区	1.27	0.14%
静海区	112.03	12.64%	河西区	1.11	0.13%
蓟州区	106.87	12.06%	河北区	0.88	0.10%
武清区	72.48	8.18%	红桥区	0.83	0.09%
西青区	55.40	6.25%	南开区	0.65	0.07%
北辰区	32.49	3.67%	和平区	0.18	0.02%

天津市 2016 年地表水面积比 2015 年减少了 470.42 平方千米。减少的地表水资源主要集中在河流水面、水库水面和坑塘水面，而沟渠的面积有所增加。2009 年、2015 年、2016 年天津市河流水面、湖泊水面、水库水面、坑塘水面、沟渠的面积变化如图 3 - 16 所示。

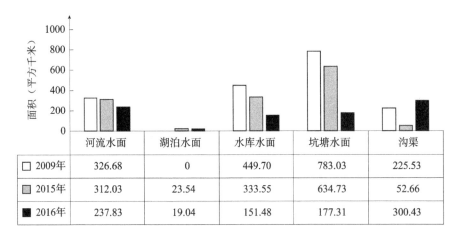

	河流水面	湖泊水面	水库水面	坑塘水面	沟渠
□ 2009年	326.68	0	449.70	783.03	225.53
▨ 2015年	312.03	23.54	333.55	634.73	52.66
■ 2016年	237.83	19.04	151.48	177.31	300.43

图 3 - 16   天津市地表水资源面积变化对比

结合 2015 年天津市地表水数据和项目组解译数据，从空间对比来看，河流水面的减少集中于津南区、北辰区、武清区和宝坻区，水库水面的减少绝大部分集中于滨海新区，而西青区、津南区、北辰区、武清区、宝坻区、滨海新区、宁河区以及静海区有不同程度坑塘面积的减少及沟渠面积的增加。

　　2016 年南水北调中线工程延伸到滨海新区的北塘水库，此次北塘水库提升改造工程为北塘水库的配套工程，工程主要目的是对其进行相应改造，增加必要的配套设施，使之与滨海新区供水工程合理结合，以满足滨海新区快速发展的需要。由于 2016 年度水库施工，因此使得水库面积在影像上表现为减少。

　　分析对比第二次全国土地调查与 2016 年本次调查的天津市地表水数据，2016 年地表水面积减少 898.85 平方千米，减少百分比为 50.36%，减少的面积集中在坑塘水面。减少的原因主要为：从 2009 年至 2016 年，天津市政府积极推进耕地占补平衡政策，加大开发耕作条件较好的未利用土地的力度，同时对耕地层未被破坏的坑塘水面进行退水还耕，使得本次调查中地表水明显减少。如图 3 - 17 所示，2009 年二调数据水库水面包括周围的水利设施用地，而 2016 年调查标准要求水库水面不包括周围的水利设施用地。

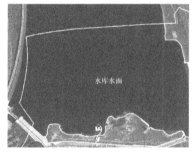

图 3 - 17　天津市鸭淀水库东侧

第四章

京津地区生态环境调查

第一节 生态环境分类系统及其解译标志

一、生态地质环境分类系统

(一) 湿地

根据《湿地公约》的定义，湿地系指天然或人工、长久或暂时性沼泽地、湿原、泥炭地或水域地带，带有或静止或流动，或为淡水、半咸水、咸水水体者，包括低潮时水深不超过 6 米的海域。

湿地类包括海岸带湿地、河流湿地、湖泊湿地、沼泽湿地和人工湿地。湿地亚类包括浅海水域、岩石海滩、沙石海滩等41类。各类型分类标准见表 4 – 1。

表 4 –1 湿地各类型判定标准

湿地类	湿地亚类	定义及划分技术标准
海岸带湿地	浅海水域	浅海湿地中，湿地底部基质为无机部分组成，植被盖度 <30% 的区域，多数情况下低潮时水深小于 6 米。包括海湾、海峡
	岩石海滩	底部基质75%以上是岩石和砾石，包括岩石性沿海岛屿、海岩峭壁
	沙石海滩	由砂质或沙石组成的，植被盖度 <30% 的疏松海滩
	淤泥质海滩	由淤泥质组成的植被盖度 <30% 的淤泥质海滩
	红树林	由红树植物为主组成的潮间沼泽

续表

湿地类	湿地亚类	定义及划分技术标准
海岸带湿地	河口水域	从近口段的潮区界（潮差为零）至口外海滨段的淡水舌锋缘之间的永久性水域
	河口三角洲/沙洲/沙岛	河口系统四周冲积的泥/沙滩，沙洲、沙岛（包括水下部分），植被盖度＜30%
	海岸性咸水湖	地处海滨区域有一个或多个狭窄水道与海相通的湖泊，包括海岸性微咸水、咸水或盐水湖
	海岸性淡水湖	起源于潟湖，与海隔离后演化而成的淡水湖泊
	潮间盐水沼泽	潮间地带形成的植被盖度≥30%的潮间沼泽，包括盐碱沼泽、盐水草地和海滩盐沼
	潮下水生层	海洋潮下，湿地底部基质为有机部分组成，植被盖度≥30%，包括海草层、海草、热带海洋草地
	珊瑚礁	基质由珊瑚聚集生长而成的浅海湿地
河流湿地	永久性河流	常年有河水径流的河流，仅包括河床部分
	季节性或间歇性河流	一年中只有季节性（雨季）或间歇性有水径流的河流
	洪泛湿地	在丰水季节由洪水泛滥的河滩、河心洲、河谷、季节性泛滥的草地以及保持了常年或季节性被水浸润的内陆三角洲所组成
	喀斯特溶洞湿地	喀斯特地貌下形成的溶洞集水区或地下河/溪
湖泊湿地	永久性淡水湖	由淡水组成的永久性湖泊，矿化度＜1g/L
	永久性咸水湖/永久性内陆盐湖	由微咸水/咸水组成的永久性湖泊，矿化度＞1g/L；由盐水组成的永久性湖泊，矿化度＞35g/L
	季节性淡水湖	由淡水组成的季节性或间歇性淡水湖（泛滥平原湖）
	季节性咸水湖	由微咸水/咸水/盐水组成的季节性或间歇性湖泊
沼泽湿地	森林沼泽	以乔木森林植物为优势群落的淡水沼泽
	灌丛沼泽	以灌丛植物为优势群落的淡水沼泽
	草本沼泽	由水生和沼生草本植物组成优势群落的淡水沼泽
	沼泽化草甸	为典型草甸向沼泽植被的过渡类型，是在地势低洼、排水不畅、土壤过分潮湿、通透性不良等环境条件下发育起来的，包括分布在平原地区的沼泽化草甸以及高山和高原地区具有高寒性质的沼泽化草甸
	苔藓沼泽	发育在有机土壤的、具有泥炭层的以苔藓植物为优势群落的沼泽

续表

湿地类	湿地亚类	定义及划分技术标准
沼泽湿地	内陆盐沼	受盐水影响，生长盐生植被的沼泽。以苏打为主的盐土，含盐量应 >0.7%；以氯化物和硫酸盐为主的盐土，含盐量应分别 >1.0% 、 >1.2%
	季节性咸水沼泽	受微咸水或咸水影响，只在部分季节维持浸湿或潮湿状况的沼泽
	地热湿地	以地热矿泉水补给为主的沼泽
	淡水泉/绿洲湿地	以露头地下泉水补给为主的沼泽
人工湿地	水库	指人工拦截汇集而成的，以蓄水、发电、农业灌溉、城市景观、农村生活为主要目的而建造的，面积≥0.08km² 的正常蓄水位岸线所围成的水面
	淡水养殖场	以水产养殖为主要目的而修建的淡水池塘人工湿地
	海水养殖场	以水产养殖为主要目的而在海岸线修建的人工湿地
	坑塘	指人工开挖或天然形成的，面积<0.08km² 的坑塘常水位岸线所围成的水面
	沟渠	指人工修建，南方宽度≥1.0 米、北方宽度≥2.0 米，用于引、排、灌的渠道，包括渠槽、渠堤、取土坑、护堤林
	稻田/冬水田	能种植一季、两季、三季的水稻田或者是冬季蓄水或浸湿的农田
	盐田	为获取盐业资源而修建的晒盐场所或盐池，包括盐池、盐水泉
	季节性洪泛农用湿地	季节性泛滥的农用地
	运河、输水河	为输水或水运而建造的人工河流湿地
	采矿挖掘区和塌陷积水区	采掘区、采矿地以及采矿引起的地表塌陷坑内的积水区
	城市人工景观水面和娱乐水面	公园人工湖面、游泳池等
	废水处理场所	污水场、处理池、氧化池等

(二) 荒漠化土地

荒漠化是指由于人为和自然因素的综合作用，使得干旱、半干旱甚至半湿润地区自然环境退化的总过程。"全国自然资源遥感综合调查与信息系统建设"项目根据成因将荒漠化分为沙质荒漠化、水蚀荒漠化（包括石漠化，它是水蚀荒漠化的一种特殊类型）、盐碱质荒漠化、工矿型荒漠化四个二级类。荒漠化程度反映了土地退化的严重程度及恢复其生产力和生态系统功能的难易状况。采用三分法，荒漠化的程度分为轻度、中度和重度三级，工矿型荒漠化不进行分级。

1. 沙质荒漠化

参照《区域环境地质调查总则（试行）》（DD 2004—02）和《联合国关于在发生严重干旱和荒漠化的国家特别是在非洲防治荒漠化的公约》（以下简称《联合国防治荒漠化公约》）对土地沙漠化类型的划分，结合遥感技术对沙质荒漠化监测的能力，沙质荒漠化程度按风积、风蚀地表形态占该地面积百分比、植被覆盖度及其综合地貌景观特征划分为轻度、中度、重度三个级别（见表4-2）和风蚀特殊类型。

表4-2　沙质荒漠化程度划分

沙化程度		风积、风蚀地表形态占该地面积百分比（%）	植被覆盖度（%）	地表景观综合特征
编码	名称			
H111	轻度沙漠化	10~30（不含30）	20~40	风沙活动较明显，原生地表已开始被破坏，出现片状、点状沙地，主要为固定的灌丛沙堆；原生植被有所退化，与沙生植被混杂分布，农田适耕地下降
H112	中度沙漠化	30~50	10~20（不含20）	风沙活动频繁，原生地表破坏较大，半固定沙丘与滩地相间分布，丘间和滩地一般较开阔，多为灌草；耕地中有明显的风蚀洼地、残丘，地表植被稀少
H113	重度沙漠化	>50	<10	风沙活动强烈，密集的流动沙丘和风蚀地表，沙生植被稀少或基本没有植被生长

2. 水蚀荒漠化

根据1994年《联合国防治荒漠化公约》中对荒漠化的定义，水蚀荒漠化是指流水（以水蚀为主）作用下的荒漠化土地，由于人为活动破坏地表植被导致严重的流水侵蚀，使土地生产力严重下降直至丧失，出现劣地或石质（碎石质等）坡地。根据劣地或石质（碎石质等）坡地所占比例、现代沟谷所占比例及植被覆盖度等指标，水蚀程度划分为轻度、中度和重度三种类型，具体情况见表4-3。

表 4-3   水蚀荒漠化程度划分

水蚀荒漠化程度		劣地或石质地占该地面积百分比（%）	现代沟谷（细沟、切沟、冲沟）占该地面积百分比（%）	植被覆盖度（%）	地表景观综合特征
编码	名称				
H121	轻度水蚀荒漠化	<10	<10	50~70	斑点状分布的劣地或石质坡地。沟谷切割深度在1米以下，片蚀及细沟发育。零星分布的裸露沙石地表
H122	中度水蚀荒漠化	10~30	10~30	30~50（不含50）	有较大面积分布的劣地或石质坡地。沟谷切割深度在1~3米。较广泛地分布在裸露沙石地表
H123	重度水蚀荒漠化	>30	>30	<30	密集分布的劣地或石质坡地。沟谷切割深度3米以上，地表切割破碎

3. 盐碱质荒漠化

参照《联合国防治荒漠化公约》对土地盐碱化类型的划分，结合遥感技术对土地盐碱化监测的能力，土地盐碱化程度按盐碱化土地占该地面积百分比，参考表层土壤含盐量及其地貌景观特征划分为轻度盐碱化、中度盐碱化、重度盐碱化土地三个级别，具体见表4-4。

表 4-4   盐碱质荒漠化程度划分

盐碱化程度		盐碱化地表占该地面积百分比（%）	表层土壤含盐量（%）	地表景观综合特征
编码	名称			
H131	轻度盐碱化	<30	0.3~0.6（不含0.6）	地表有一定面积的植被生长，有的地段可生长较大面积的乔灌木林，耕地和草地中可见小块盐斑裸地
H132	中度盐碱化	30~50	0.6~1.0	地表有少量植被生长，主要为乔木林和灌木林，草地已被耐盐植物代替
H133	重度盐碱化	>50	>1.0	地表无植被或局部有胡杨、骆驼刺、索索草等零星分布

（三）海岸带

根据海岸组成物质的性质，可把海岸带分为自然海岸和人工海岸两大类，其中自然海岸分为基岩海岸、沙（砾）质海岸、淤泥质海岸、生物海岸四类，具体见表4-5。

表4-5　海岸带类型分类

海岸带类型	海岸带亚类	定义及划分技术标准
海岸带	基岩海岸	主要由地质构造活动或波浪作用所形成。地势陡峭、岸线曲折、水深流急。位于基岩海岸的岸线，一般将其位置界定在水边线，在野外现场多取陡崖的基部位置
	沙（砾）质海岸	由平原的堆积物质搬运到海岸边，又经波浪或风改造堆积而成。组成物质以松散的沙（砾）为主，岸滩较窄而坡度较陡。 位于沙滩海岸的岸线，一般将其位置界定在滩脊的顶部，在野外现场滩脊顶部多与植被线重叠
	淤泥质海岸	主要由河流携带入海的大量细颗粒泥沙在潮流与波浪作用下输运、沉积而成。岸滩物质组成多属黏土、粉砂等；岸线平直，地势平坦。 位于淤泥或粉砂泥滩海岸的岸线，一般将其位置界定在耐盐植物分布发生明显变化的"植被线"位置，在野外现场该植被线多与上冲流作用下形成的杂物分布的痕迹线重叠
	生物海岸	潮间带泥滩为红树林沼泽；潮下带为浅水泥滩，红树林的一些先锋种可率先生长，有绿色斑块。由红树林、珊瑚礁和芦苇等组成的岸线，遥感影像上及野外现场一般将其位置界定为植被斑块向陆一侧的边线
	人工海岸	由人工筑堤而形成，较为平直、整齐

二、生态地质环境解译标志

项目组综合分析了不同遥感数据类型、不同时相的影像特征，并结合野外调查资料，现将生态地质环境因子遥感影像特征列举如下，具体见表4-6。

表4-6　生态地质环境因子遥感影像特征

地类名称		解译标志	示例影像
自然湿地	海岸带湿地	影像中颜色黄褐色，色调不均匀，与海域分界不十分明显，地质平坦，周围存在人工养殖场分布	
	河流湿地	影像中颜色为暗灰色、深绿色，细长蜿蜒，多有分支，条带状展布，细长蜿蜒两岸交替有支流汇入，以多年平均最高水位所淹没的区域进行边界界定	
	湖泊湿地	影像中颜色呈深绿色，以常年有水覆盖位置界定，不规则形状，面积大小不一，多位于山区，主要分布在湖泊岸边地带	
	沼泽湿地	影像中色调呈墨绿色或暗黑色，条带状、斑块状展布，以芦苇为主，地势低洼，植被较平坦，边界清楚，容易界定	

续表

地类名称		解译标志	示例影像
人工湿地	淡水养殖场	影像中颜色呈蓝灰色、暗灰色，多呈矩形状展布，人类活动特征明显，乡镇地区的养殖场水域周边有人工建筑物，主要分布在平原地区	
	农用池塘	影像中颜色呈蓝灰色、暗灰色，斑块状，不规则展布，周边农田发育，主要分布在平原地区	
	稻田	影像中颜色呈浅绿色，集中分布于河道两侧及平原区，多在居民地附近，在影像中的形状为网格状，田垄整齐	
	采矿积水区	影像中颜色为暗灰色、深蓝色，不规则展布，主要分布于天津境内，周围大多为砖厂、砖瓦用黏土矿的开采坑，分布于平原地区	

续表

地类名称		解译标志	示例影像
人工湿地	城市景观水面	影像中呈深蓝色、暗灰色,不规则展布,水面四周有环湖小路、树林、建筑物等标志,主要分布于城区内	
荒漠化土地	沙质荒漠化	影像中呈现淡黄色,纹型粗糙,呈斑块状或带状分布,风沙活动痕迹较明显,源生地表已开始被破坏,主要以固定沙丘为主	
	盐碱质荒漠化	影像中色调整体趋近于灰白色、白色,纹形粗糙,块状展布,几乎无植被覆盖,边界不清晰	
	工矿荒漠化	影像中呈白色(金属矿、建筑用石材)、暗灰色(煤矿),纹形较为光滑,一般周边有矿权分布,矿业活动明显,主要分布在山区	

续表

地类名称		解译标志	示例影像
荒漠化土地	水蚀荒漠化	影像中呈现淡黄色、灰黄色，整体呈现块状或带状分布，土地松弛裸露，源生地标已开始破坏，主要分布在山坡、丘陵、沟谷地带	
海岸线	淤泥质海岸	岸滩物质组成多属黏土、粉砂等；岸线平直，地势平坦	
	人工海岸	由人工筑堤而成，岸线平直、整齐，分布在天津市沿海地区	

第二节　北京市生态环境分布现状及动态分析

一、荒漠化土地

按照《全国自然资源遥感综合调查与信息系统建设技术要求（2017 年）》

的技术标准，根据项目组解译成果和野外调查情况来看，2016 年北京市荒漠
化土地总量为 30.30 平方千米，其中沙质荒漠化覆盖面积为 12.78 平方千米，
主要分布于房山—大兴交界地带的永定河流域和顺义—怀柔区的潮白河流域；
工矿型荒漠化覆盖面积为 17.52 平方千米，主要分布于北部密云区和南部房山
区。总体上看，北京市荒漠化土地分布零散，没有大面积出现，且均为轻度荒
漠化。

荒漠化分布现状具有明显的区域性，与地形地貌、基岩物理性质以及水环
境等因素密切相关。将荒漠化土地在各区县的分布情况进行统计对比：房山区
荒漠化土地面积最大，约为 10.95 平方千米，其次是密云区，荒漠化土地约为
6.32 平方千米，全部为工矿型荒漠化；门头沟区荒漠化土地面积约为 4.17 平
方千米；大兴区荒漠化土地面积约为 3.06 平方千米。具体情况见表 4 - 7。

表 4 - 7　2016 年北京市荒漠化土地面积统计

荒漠化类型	荒漠化亚类	面积（km²）
工矿型荒漠化		17.52
沙质荒漠化	轻度沙质荒漠化	12.78
	中度沙质荒漠化	0
	重度沙质荒漠化	0
	小计	12.78
水蚀荒漠化	轻度水蚀荒漠化	0
	中度水蚀荒漠化	0
	重度水蚀荒漠化	0
	小计	0
盐碱质荒漠化	轻度盐碱质荒漠化	0
	中度盐碱质荒漠化	0
	重度盐碱质荒漠化	0
	小计	0
总计		30.30

荒漠化土地主要分布在房山区、密云区、门头沟区、大兴区、顺义区、平
谷区、昌平区。北京市其他区县无荒漠化土地分布。荒漠化土地分区县统计数
据详见表 4 - 8。

表 4-8 2016 年北京市荒漠化土地面积统计（按区县划分）

区县名称	面积（km²）	占北京市荒漠化土地百分比	区县名称	面积（km²）	占北京市荒漠化土地百分比
房山区	10.95	36.14%	西城区	0.00	0.00%
密云区	6.32	20.86%	朝阳区	0.00	0.00%
门头沟区	4.17	13.76%	丰台区	0.00	0.00%
大兴区	3.06	10.10%	石景山区	0.00	0.00%
顺义区	2.63	8.68%	海淀区	0.00	0.00%
平谷区	2.62	8.65%	通州区	0.00	0.00%
昌平区	0.55	1.82%	怀柔区	0.00	0.00%
东城区	0.00	0.00%	延庆区	0.00	0.00%

2009 年北京市荒漠化土地面积为 116.53 平方千米；2015 年北京市荒漠化土地面积为 54.40 平方千米；2016 年北京市荒漠化土地面积为 30.30 平方千米。2016 年北京市荒漠化土地面积相比 2015 年减少了 24.10 平方千米；2016 年、2015 年整体情况相比于 2009 年减小较大。其中轻度水蚀荒漠化土地得到了完全的治理，沙质荒漠化土地面积总体态势呈下降趋势，工矿型荒漠化土地有起伏。具体情况如图 4-1 所示。

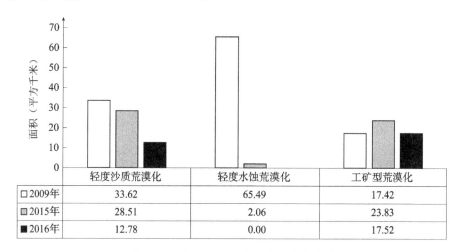

	轻度沙质荒漠化	轻度水蚀荒漠化	工矿型荒漠化
□2009年	33.62	65.49	17.42
▨2015年	28.51	2.06	23.83
■2016年	12.78	0.00	17.52

图 4-1 2009 年、2015 年、2016 年北京市荒漠化土地面积变化对比

不难发现，北京市的荒漠化土地减少主要集中在水蚀荒漠化土地和沙质荒漠化土地，但工矿型荒漠化土地稍有增加。2012 年北京市启动了大规划的平原造林工程，这项工程不仅改善了区域环境质量，而且对北京市沙化土

地治理做出了巨大贡献，涉及密云、昌平、怀柔、延庆、平谷、房山、大兴、通州、丰台9个区。其中：五大重点风沙危害区（延庆康庄、昌平南口、潮白河流域、永定河流域、大沙河流域）绿化面积2.81万亩，河道两侧沙地绿化面积2.49万亩，沙石坑绿化面积0.37万亩，其他沙地绿化面积1.88万亩。

通过将北京市荒漠化土地现状图与北京市地貌图进行叠加分析可知：沙质荒漠化土地主要分布在平原区，以房山—大兴交界地带的永定河流域和顺义—怀柔区的潮白河流域面积分布最广，基本呈现带状分布；水蚀荒漠化土地主要分布在丘陵、山地，多出现于延庆区山坡、阶地等地方，基本呈现斑块状分布，目前水蚀荒漠化地区已经基本得到治理；工矿型荒漠化土地在矿区周围出露，特别是在房山、密云、门头沟地区分布较多，这些地区矿区较多，受矿业活动的影响明显。近年来，矿山开发开采严重，不少矿山违法开采，私挖、乱挖现象明显，矿山无法得到及时的复绿，甚至有些地区的矿山难以进行复绿。图4-2所示为沙质荒漠化土地和工矿型荒漠化土地。

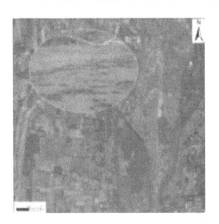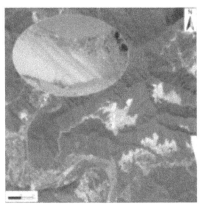

图4-2　北京市荒漠化土地野外调查示意

2012年北京市平原造林工程在对北京市沙化严重、治理难度大的五大重点风沙危害区、沙石坑等重点地区的治理方面取得了重大突破，治理效果突出。例如，昌平区马池口沙坑，总面积2300亩，由于长期淘沙滥采，地形沟壑纵横，土壤沙化严重，环境脏乱，是多年难以解决的环境问题。2012年北京市启动平原造林工程，昌平区把此沙坑作为重点治理项目，高标准设计、高质量施工，栽植各类苗木 12.9 万株，把昔日的荒沙变成了花园，彻底改变了环境面貌。监测显示，通过实施京津风沙源治理、"三北"防护林工程、"五河十路"等一大批生态治理工程，北京市 5 万多公顷沙化土地已经逐步被绿色覆盖。荒漠化土地治理情况如图 4 - 3 所示。

图 4 - 3　野外验证荒漠化治理照片

虽然北京市政府采取了许多有力的措施来治理北京市荒漠化土地问题，取得了一系列成果，特别是水蚀荒漠化土地显著减少，但是近年来北京市密云、房山等地区矿业活动加剧，矿山开采面积逐年增加，乱挖、私挖现象普遍，一些废旧矿山的环境恢复治理效果不甚显著，导致废弃矿山至今没有复绿，工矿型荒漠化土地问题仍比较突出。

二、湿地

按照《全国自然资源遥感综合调查与信息系统建设技术要求（2017 年）》的技术标准，根据项目组解译成果和野外调查情况来看，2016 年北京市湿地资源总量为 511.39 平方千米，其中自然湿地覆盖面积为 177.10 平方千米，人工湿地覆盖面积为 334.29 平方千米。具体情况见表 4 - 9。

表4-9　2016年北京市湿地资源统计

类型	自然湿地				人工湿地
	海岸带湿地	河流湿地	湖泊湿地	沼泽湿地	
面积（km²）	0	161.49	3.92	11.69	334.29
合计（km²）	177.10				334.29
占北京市湿地面积百分比	0	31.58%	0.77%	2.28%	65.37%
合计	34.63%				65.37%
占北京市面积百分比	0.00%	0.98%	0.02%	0.07%	2.04%
合计	1.07%				2.04%

　　按行政区县划分：密云区湿地资源面积最大，为153.09平方千米，总共占北京市湿地资源的29.94%，密云区内的湿地主要集中在密云水库，密云水库湿地面积为108.69平方千米，自身占北京市湿地资源的21.25%；其次为通州区，其湿地资源面积为56.29平方千米，占北京市湿地资源的11.01%，区内湿地类型主要为淡水养殖场和农用池塘；剩下区县的湿地资源面积所占比例均小于10%，从高到低依次为顺义区、房山区、怀柔区、平谷区、昌平区、延庆区、大兴区、海淀区、丰台区、门头沟区、朝阳区、西城区、石景山区、东城区。具体情况见表4-10。

表4-10　2016年北京市湿地资源统计（按区县划分）

区县名称	面积（km²）	占北京市湿地百分比	区县名称	面积（km²）	占北京市湿地百分比
密云区	153.09	29.94%	大兴区	23.24	4.54%
通州区	56.29	11.01%	海淀区	15.43	3.02%
顺义区	50.17	9.81%	丰台区	13.29	2.60%
房山区	48.55	9.49%	门头沟区	12.90	2.52%
怀柔区	36.21	7.08%	朝阳区	11.11	2.17%
平谷区	30.92	6.05%	西城区	2.01	0.39%
昌平区	30.71	6.01%	石景山区	1.29	0.25%
延庆区	25.16	4.92%	东城区	1.02	0.20%

　　2015年北京市湿地面积总数为339.19平方千米，2016年北京市湿地面积与2015年湿地面积相比，增加了172.20平方千米。其中，密云区和房山区湿

地增加较多，为 28.20 平方千米和 27.32 平方千米；其次是顺义区，增加了 26.08 平方千米。

根据 2009 年第二次全国土地调查北京市湿地数据可知，2009 年北京市湿地面积总数为 580.30 平方千米，2015 年北京市湿地面积整体上较 2009 年第二次全国土地调查北京市湿地数据减少 41.55%，减少的部分主要集中在河流湿地上。具体情况如图 4-4 所示。

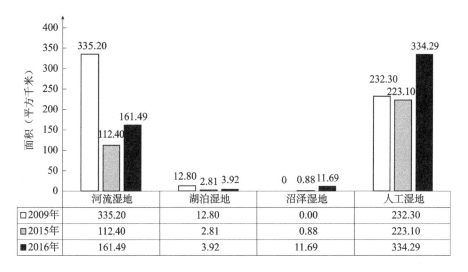

	河流湿地	湖泊湿地	沼泽湿地	人工湿地
□2009年	335.20	12.80	0.00	232.30
▨2015年	112.40	2.81	0.88	223.10
■2016年	161.49	3.92	11.69	334.29

图 4-4　2009 年、2015 年、2016 年北京市湿地资源面积对比

由图 4-4 可知，北京市湿地资源从 2009 年到 2016 年呈现出减少的趋势。为了更直接客观地反映其变化趋势与主要影响因素，分别选择湿地动态度指标因子、斑块破碎化指数进行分析。

2009 年到 2016 年，北京市湿地资源的变化趋势最直接地体现在湿地面积的变化情况上，选用湿地面积动态度指数客观直接地反映从 2009 年到 2016 年湿地资源变化的相对速度。该指数为正，说明在该时段内湿地资源面积增加；该指数为负，说明在该时段内湿地资源面积减小，而指数绝对值大小表示增加（减小）的程度值，定量地反映了北京市湿地变化的速率。对于北京市湿地资源，为保证 2009—2016 年研究初末期湿地面积具有相对可比性，在计算末期湿地面积时除去稻田/冬水田面积。湿地动态度的计算方法为

$$K = \frac{U_b - U_a}{U_a} \times \frac{1}{T} \times 100\% \qquad (4-1)$$

式中：K 为湿地动态度；U_a 为研究初期湿地总面积；U_b 为研究末期湿地总面积；T 为研究时段。

随着人类活动日益剧增，人类活动的压力使湿地生态系统景观发生了极大的变化，由于人类活动可使原来完整的景观被分割成大小不同的不规则斑块，而景观破碎化是生物多样性丧失的一个重要原因，于是我们采用斑块破碎化指数来体现人为因素对湿地系统的破坏程度，斑块破碎化指数把单位面积上的斑块数量（个/km^2）作为景观破碎程度特征的指标。斑块破碎化指数的计算方法为

$$B = \frac{\sum N_i}{\sum A_i} \qquad (4-2)$$

式中：B 为斑块破碎化指数；$\sum N_i$ 为湿地景观总斑块数；$\sum A_i$ 为湿地景观总面积（km^2）。

由式（4-2）可知，斑块破碎化指数能较好地反映整个地区人类活动对湿地景观的破碎化程度。该指数越大，说明景观破碎化程度越高，即受人类活动干扰程度越大。根据上述两个公式，分别得到了北京市的评价指数，具体见表 4-11。

表 4-11 2016 年北京市湿地资源评价指标值

地区	湿地动态度 K（2009—2016 年）		斑块破碎化指数 B
北京市	2009—2016 年	2015—2016 年	11.46
	-1.70%	49.80%	

由湿地动态度指数可知，2009—2015 年，除去稻田/冬水田部分，北京市湿地资源呈退化趋势，且较为明显，其中 2015—2016 年有了一个较大的增长。由斑块破碎化指数可知，北京市湿地资源景观破碎化程度较高，即受人类活动干扰程度较大。

湿地系统是一个半封闭半开放的系统，因此综合分析湿地资源变化情况应从多方面、多层次入手。通过对比 2009 年、2015 年、2016 年三期数据，可知北京市湿地资源在 2015—2016 年有所增加。

引起北京市湿地资源面积变化的因素主要可分为自然因素与人工因素。

（一）自然因素

气候是影响北京市湿地资源变化的最根本动力因素，对于北京市而言，主

要表现在降雨量，降雨量减少直接影响湿地的水源补给，同时对湿地的植被与土壤产生影响。

北京市近年来降雨量变化情况如图4-5所示。由图4-5可知，2009年到2012年降雨量逐年增多，到2012年达到近年最高峰；而2012年到2015年则逐年减少，三年间的减少量可达274.6毫米，幅度较大；2016年降雨量偏多，较2015年增加222毫米，与湿地资源变化趋势相同。

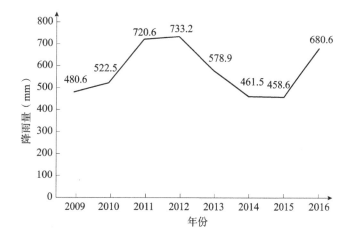

图4-5　2009—2016年北京市降雨量变化统计

如图4-6所示，2007—2015年北京市地下水呈现明显的逐年下降趋势。而2016年地下水储量比2015年的17.44亿立方米增加了3.61亿立方米，总体来说，北京市地下水储量的变化趋势与北京市湿地资源面积的变化趋势是相吻合的。

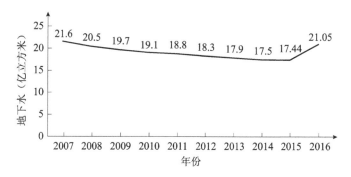

图4-6　2007—2016年北京市地下水储量统计

(二) 人为因素

北京市湿地资源的增加主要集中在河流湿地和人工湿地上，从北京市2016年斑块破碎化指数（11.46）以及2016年北京市湿地资源中人工湿地所占比例（65.37%），可知北京市湿地资源的分布以及资源储量受人为活动干扰较大。

2016年10月11日，中共中央总书记、国家主席、中央军委主席、中央全面深化改革领导小组组长习近平主持召开中央全面深化改革领导小组第28次会议，审议通过了《关于全面推行河长制的意见》。2016年12月，中共中央办公厅、国务院办公厅印发了《关于全面推行河长制的意见》，并发出通知，要求各地区各部门结合实际认真贯彻落实。北京市先后进行了多次研究研讨会议，并开展督察工作。为加强水生态治理，北京进一步"升级"河长制，将建立四级河长体系，5920名河长将覆盖分管五大河流和市管河湖所有流域。根据河长制工作方案，北京市水务局牵头制定全市河长制相关制度和标准，推进各区建立区级河长制组织和考核体系。具体进展情况为：一是在全市河湖生态环境检查和通报工作制度的基础上，制定了《北京市河湖生态环境管理河长制考核办法》；二是制定了《河湖生态环境管理河长信息公示牌模板及设置要求》并正式印发；三是制定了《北京市优美河湖评选办法》，作为河长制考核表彰的内容，已征求市园林绿化局、市农委、市旅游委、市公园管理中心和各区政府意见；四是以开展培训、调研、工作会等形式推进各区建立区级河长制组织和考核体系。目前，全市河长制组织体系已基本完成。在此基础上，北京市湿地资源得到了有效保护，湿地资源总量呈现上升趋势。

第三节　天津市生态环境分布现状及动态分析

一、荒漠化土地

按照《全国自然资源遥感综合调查与信息系统建设技术要求（2017年）》的技术标准，根据项目组解译成果和野外调查情况来看，2016年天津市荒漠化土地总量为 828.76 平方千米。根据人机交互式解译与野外调查相结合的结果，得出天津市荒漠化土地类型为盐碱质荒漠化土地和沙质荒漠化土地，且荒漠化强度均为轻度荒漠化。天津市荒漠化土地总量为 828.76 平方千米，其中沙质荒漠化土地覆盖面积为 12.63 平方千米，主要分布于蓟州区北部山区，盐碱质荒漠化土地覆盖面积为 816.13 平方千米，分布于滨海新区和静海区。沙质荒漠化土地分布零散且面积较小；盐碱质荒漠化土地分布较为集中，且大面积出露。具体情况见表 4 - 12。

表 4 - 12　2016 年天津市荒漠化土地面积统计

荒漠化类型	荒漠化亚类	面积（km²）
工矿型荒漠化		0
沙质荒漠化	轻度沙质荒漠化	12.63
	中度沙质荒漠化	0
	重度沙质荒漠化	0
	小计	12.63
水蚀荒漠化	轻度水蚀荒漠化	0
	中度水蚀荒漠化	0
	重度水蚀荒漠化	0
	小计	0
盐碱质荒漠化	轻度盐碱质荒漠化	816.13
	中度盐碱质荒漠化	0
	重度盐碱质荒漠化	0
	小计	816.13
总计		828.76

按行政区县划分：其中静海区的荒漠化土地面积最大，为 540.43 平方千米，占天津市荒漠化土地面积的 65.21%。静海区内荒漠化土地类型主要为轻度盐碱质荒漠化，分布较为集中，且大面积出露；其次为滨海新区，其荒漠化土地面积为 275.70 平方千米，占天津市荒漠化土地面积的 33.27%；再次为蓟州区，荒漠化土地面积为 12.63 平方千米，主要为沙质荒漠化，占天津市荒漠化土地面积的 1.52%。剩下区县均无荒漠化土地。具体见表 4 - 13。

表 4 – 13　2016 年天津市荒漠化土地面积统计（按区县划分）

区县名称	面积（km²）	占天津市荒漠化土地百分比	区县名称	面积（km²）	占天津市荒漠化土地百分比
静海区	540.43	65.21%	河北区	0	0.00%
滨海新区	275.70	33.27%	红桥区	0	0.00%
蓟州区	12.63	1.52%	南开区	0	0.00%
北辰区	0	0.00%	宁河区	0	0.00%
宝坻区	0	0.00%	河东区	0	0.00%
武清区	0	0.00%	河西区	0	0.00%
西青区	0	0.00%	东丽区	0	0.00%
和平区	0	0.00%	津南区	0	0.00%

　　2009 年天津市荒漠化土地面积为 1056.45 平方千米；2015 年天津市荒漠化土地面积为 825.52 平方千米；2016 年天津市荒漠化土地面积为 828.76 平方千米。2016 年天津市荒漠化土地面积相比 2015 年增加了 3.24 平方千米；2015 年、2016 年整体情况相比于 2009 年减少较大，减少约 21%，具体情况如图 4 – 7 所示。

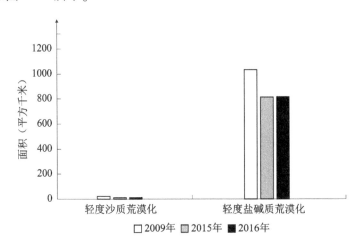

图 4 – 7　2009 年、2015 年、2016 年天津市荒漠化土地面积变化对比

　　究其原因，与近年来大力治理荒漠化的政策有关，治理荒漠化不仅防止了天津市荒漠化土地的进一步扩张，也有效地恢复了部分荒漠化土地。"京津风沙源治理工程"是我国重点生态建设工程，截至 2013 年年底，京津风沙源治

理一期工程建设已全部完成，共实施造林营林 690 万亩，防沙治沙成效显著。监测显示，通过实施京津风沙源治理、"三北"防护林工程、"五河十路"等一大批生态治理工程，天津市沙质荒漠化问题得到了有效的改善。

天津市土壤形成多为河流沉积物，质地黏重，有不同程度的盐碱化，大部分土壤含盐量在 0.2% ~ 0.4%，最高可达 4.7%。该地区属于暖温带大陆性季风气候，据统计其平均年蒸发量为年降水量的三倍多，导致了盐碱地在春季出现返盐高峰。同时，该地区地下水矿化度高，淡水资源相对匮乏，不能被植物利用，导致了天津市盐碱质荒漠化土地在滨海地区大面积分布。通过较为成熟的造林营林方法与废弃物资源化形成人工土壤等技术，盐碱质荒漠化土地逐年下降。

与此同时，关闭部分矿权，严厉打击乱挖、私挖等矿业活动，对一些废旧矿山实行环境恢复治理，使工矿型荒漠化土地面积大幅度下降，防治效果较为理想。

二、湿地

按照《全国自然资源遥感综合调查与信息系统建设技术要求（2017 年)》的技术标准，根据项目组解译成果和野外调查情况来看，2016 年天津市湿地资源总量为 3274.71 平方千米，自然湿地覆盖面积为 1256.91 平方千米，其中海岸带湿地覆盖面积为 792.74 平方千米，河流湿地覆盖面积为 240.08 平方千米，湖泊湿地覆盖面积为 19.85 平方千米，沼泽湿地覆盖面积为 204.24 平方千米；人工湿地覆盖面积为 2017.80 平方千米。天津市主要以人工湿地为主，占湿地总面积的近 61.62%，而人工湿地中盐田、水库、养殖场、农用池塘和稻田/冬水田所占面积最大。具体情况见表 4 - 14。

表 4 - 14　天津市湿地资源统计

类型	自然湿地				人工湿地
	海岸带湿地	河流湿地	湖泊湿地	沼泽湿地	
面积（km²）	792.74	240.08	19.85	204.24	2017.80
合计（km²）	1256.91				2017.80
占天津市湿地面积百分比	24.21%	7.33%	0.61%	6.23%	61.62%

类型	自然湿地				人工湿地
	海岸带湿地	河流湿地	湖泊湿地	沼泽湿地	
合计	38.38%				61.62%
占天津市土地面积百分比	6.62%	2.01%	0.17%	1.71%	16.89%
合计	10.51%				16.89%

　　按行政区县划分：其中滨海新区的湿地资源面积最大，为1755.67平方千米，占天津市湿地资源的53.61%，滨海新区内湿地面积主要集中在盐田、浅海水域与淤泥质海滩；其次为宝坻区，湿地面积为416.11平方千米，占天津市湿地资源的12.71%，剩下区县的湿地资源面积所占比例均小于10%，依次为宁河区、武清区、静海区、蓟州区、西青区、津南区、东丽区、北辰区、南开区、河西区、河东区、红桥区、河北区、和平区。具体情况见表4-15。

表4-15　天津市湿地资源统计（按区县划分）

区县名称	面积（km²）	占天津市湿地百分比	区县名称	面积（km²）	占天津市湿地百分比
滨海新区	1755.67	53.61%	东丽区	65.90	2.01%
宝坻区	416.11	12.71%	北辰区	61.17	1.87%
宁河区	283.57	8.66%	南开区	1.71	0.05%
武清区	180.58	5.51%	河西区	1.67	0.05%
静海区	167.99	5.13%	河东区	1.27	0.04%
蓟州区	134.88	4.12%	红桥区	0.95	0.03%
西青区	110.67	3.38%	河北区	0.88	0.03%
津南区	91.53	2.80%	和平区	0.18	0.01%

　　2016年天津市湿地面积总数为3274.71平方千米，2015年天津市湿地面积总数为2983.07平方千米，总面积增加了291.64平方千米。

　　根据2009年第二次全国土地调查天津市湿地数据可知，2009年天津市湿地面积总数为2786.90平方千米，2016年天津市湿地面积整体上较2009年增加了17.50%左右。具体情况如图4-8所示。

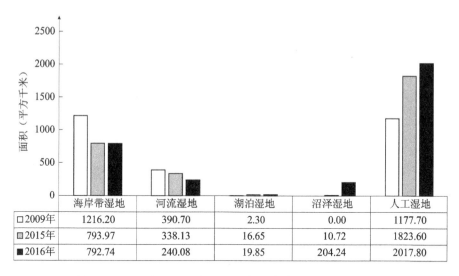

	海岸带湿地	河流湿地	湖泊湿地	沼泽湿地	人工湿地
□2009年	1216.20	390.70	2.30	0.00	1177.70
▨2015年	793.97	338.13	16.65	10.72	1823.60
■2016年	792.74	240.08	19.85	204.24	2017.80

图4-8　2009年、2015年、2016年天津市湿地资源面积对比

由图4-8可知，在实际统计数据中，2009—2016年，天津市湿地面积总数呈大幅提升的趋势。若考虑到统计标准的差异，除去稻田/冬水田所占湿地面积，则2009年到2015年湿地面积是逐年退化的，2016年分类与二调数据分类相同，故2016年较2009年天津市湿地有大幅度增加。

近年来天津市加强了对区内湿地资源的管理与保护，因此受人类活动影响相对明显。天津市湿地资源的变化主要体现为近海及海岸湿地的减少，以及人工湿地的增多。以下按照天津市湿地变化方向进行阐述。

（一）海岸带湿地

2009—2015年天津市海岸带湿地资源面积大幅减少，2015—2016年，天津市海岸带湿地资源面积保持相对稳定的状态，但相较于2009年，2016年天津市海岸带湿地资源面积减小了423.46平方千米，幅度较大。引起海岸带湿地严重退化的因素主要包括自然因素和人为因素。人为因素主要指围垦、城市和港口开发、油气资源开发、生物资源过度利用及污染等。自然因素包括海岸侵蚀、海平面上升、海水入侵及入海河流水量减少等，其主要影响因素包括大面积围海造陆、海水养殖、港口和城市开发、海岸线侵蚀后退等。

天津市海岸带湿地退化情况显著，滨海新区浅海水域与淤泥质海滩骤减，这与国家政策密切相关。

天津市滨海新区位于天津市东部沿海地区，环渤海经济圈的中心地带，是天津市下辖的副省级区、国家级新区和国家综合配套改革试验区，国务院批准的第一个国家综合改革创新区。随着 2009 年以来天津市"双港双城"规划的实施，以及 2009 年滨海新区编制新的总规《天津滨海新区总体规划（2009—2020)》，滨海新区进入了全面快速的发展阶段。自 2008 年起，滨海新区启动围海造陆项目，遍及整个海岸带，计划到 2020 年滨海新区的总填海面积为 425.94 平方千米，而 2020 年城市建设用地总面积为 654.7 平方千米，可以看出，滨海新区未来的建设用地主要来源于围海造陆。据调查，滨海新区的围海造陆主要是将沿海滩涂及近岸浅水区淤泥直接进行吹填获得的，由此，滨海新区工业用地占用了大片环渤海地区的粉砂淤泥质海滩和浅海水域，海岸线向海洋推进。

（二）人工湿地、沼泽湿地增加

2016 年，天津市人工湿地分布广泛，约占天津市湿地总面积的 61.62%，2016 年人工湿地面积与 2015 年相比虽呈现退化趋势，但幅度较小；而与 2009 年相比，人工湿地增加面积达 840.10 平方千米，其中显著增加的是天津市滨海新区建设的人工湿地（盐田、水库等）。另外，据《渤海早报》2012 年 11 月 3 日报道，滨海新区自成立以来，通过建设、改造提升人工湿地面积超过 500 平方千米，开发区西区湿地公园、临港生态湿地公园、大港湿地公园等一批生态湿地公园建成并投入使用。人工湿地的水源主要是企业所产生的废水，废水通过管道输送至进水泵房、曝气沉砂池、气浮池、综合用房、出水池、污泥泵房和污泥浓缩池，进行统一的除渣、除藻、消毒、脱泥等工序，然后与雨水一起进入湿地循环系统，经过耐碱植物、氮化植物等生态治污方法，进行二次生态净化后，水质可达国家 A 类标准。自 2011 年 8 月投入使用以来，西区人工湿地每年实现减排化学耗氧量约 60 吨，年节水约 300 万吨。

随着天津市政府与市民保护湿地意识的提高，不仅人工湿地显著增加，而且沼泽湿地也有了一定程度的提升。天津市沼泽湿地主要分布在七里海、北大港和大黄堡自然保护区，以芦苇沼泽为主。北大港和大黄堡破坏较为严重，七里海湿地保存较为良好。七里海分成东西海，东海为水库和苇地，西海为苇海。东七里海沼泽湿地破坏较为严重，外围的养殖区逐渐向内部扩散；在1992 年，七里海经国务院批准成为天津古海岸与湿地国家级自然保护区，由于政策的保护，西七里海保存得较好，只有东北角一小片地区改为水域，其他部分为沼泽湿地，如图 4 - 9 所示。

图 4 - 9　2015 年天津七里海湿地

综上所述，天津市湿地资源表现出天然湿地向人工湿地转换的明显趋势，自然湿地减少会在一定程度上导致生物多样性、生态稳定性降低，不利于该地区的长期可持续发展，因此在带动环渤海地区经济发展的同时，应充分关注自然湿地资源的保护。

三、海岸带

按照《全国自然资源遥感综合调查与信息系统建设技术要求（2017 年）》的技术标准，根据项目组解译成果和野外调查情况，从区域分布看（参照国家统计局区域划分），2016 年京津地区海岸带只分布于天津市。天津海岸线长

度为 353.39 千米，其中人工海岸线长度为 284.61 千米，淤泥质海岸线长度为
68.78 千米，均分布于滨海新区。天津市主要以人工海岸为主，占总海岸线长
度的近 80.54%，具体情况见表 4-16。

表 4-16　天津市海岸带资源统计

岸线类型	北部沿海地区国土遥感综合调查	占天津岸带资源百分比
人工海岸（km）	284.61	80.54%
淤泥质海岸（km）	68.78	19.46%

项目组对比了 2015 年天津市海岸带数据，2015 年天津市海岸带资源总量
为 308.16 千米，2016 年比 2015 年海岸带数据减少了 45.23 千米。同时项目组
还对比 2009 年完成的"全国生态地质环境调查与监测"天津市海岸带数据，
2009 年天津市海岸线长度为 184.11 千米，且均为人工海岸，2016 年比 2009
年全国生态地质环境调查海岸线数据增加了 169.28 千米，主要是人工海岸线
的增加，具体情况如图 4-10 所示。

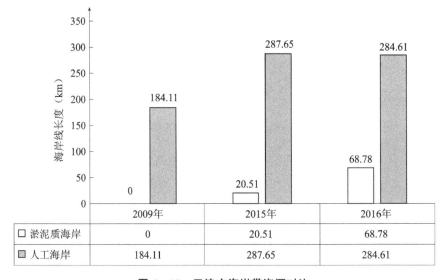

图 4-10　天津市海岸带资源对比

天津港建设及邻近海域经济区建设是影响天津市海岸带变化的最重要原
因。一方面，围海造陆工程直接改变了海岸线形状与长度。天津市临港工业区
一期 20 平方千米围海造陆工程环境影响已通过国家工程院专家评估，一期围
海工程已正式启动。此项围海造陆工程最终造陆面积 50 平方千米，是全国最

大的城市围海造陆扩展工程，施工内容包括港池疏浚挖泥、吹填造陆和地基处理，该工程在天津市海洋功能区划中的"天津港北港港口航运区"。

另一方面，高强度海岸带开发利用工程直接改造淤泥质海岸，增加人工海岸。根据交通运输部2011年《关于天津港总体规划2011—2030年的批复》，天津港口现有港口岸线资源共分为八大港区，分别为北疆港区、东疆港区、南疆港区、大沽口港区、高沙岭港区、大港（南港工业区）港区、海河港区和北塘港区，八个港区分工明确，共同承担了京津冀地区70%以上、华北和西北地区45%左右外贸海运物资的运输任务，是滨海新区开发开放和天津市城市功能提升和发展的核心基础。2015年6月，《天津港东疆二岛分区规划（2015—2030年）》经天津市人民政府审议，正式获批。根据规划，东疆二岛是天津港东疆港区的重要组成部分，要发挥区位、港口和政策优势，重点发展航运物流、国际贸易、融资租赁、保税加工、生态居住等功能，与天津港东疆一岛共同形成中国北方国际航运物流中心的重要功能区。

第五章

成果应用分析

第一节　潮白河、永定河河道占用遥感监测

一、研究背景

2016 年 10 月 11 日，中共中央总书记、国家主席、中央军委主席、中央全面深化改革领导小组组长习近平主持召开了中央全面深化改革领导小组第 28 次会议，审议通过了《关于全面推行河长制的意见》。2016 年 12 月，中共中央办公厅、国务院办公厅印发了《关于全面推行河长制的意见》，并发出通知，要求各地区各部门结合实际认真贯彻落实。全面推行河长制，是以保护水资源、防治水污染、改善水环境、修复水生态为主要任务，全面建立省、市、县、乡四级河长体系，构建责任明确、协调有序、监管严格、保护有力的河湖管理保护机制，为维护河湖健康生命、实现河湖功能永续利用提供制度保障。

在此背景下，项目组选取 2012 年、2013 年、2014 年、2015 年、2016 年五期影像，对潮白河、永定河河道占用情况进行遥感监测，为全面推行河长制、落实绿色发展理念、推进生态文明建设提供基础数据。

二、潮白河、永定河概况

潮白河是中国海河水系五大河之一，贯穿北京市、天津市和河北省三省

市。上游有两支：潮河源于河北省丰宁县，向南流经古北口入密云水库。白河源出河北省沽源县，沿途纳黑河、汤河等，东南流入密云水库。出库后，两河在密云县河槽村汇合，始称潮白河。出北京后流经河北省香河县，进入天津市，汇入永定新河，然后入海。

永定河是海河水系最大的支流，河道总长 747 千米，流域总面积 4.7 万平方千米。其中，北京市境内河道长约 170 千米，自上而下流经门头沟、石景山、丰台、大兴和房山五个区，流域面积 3168 平方千米，占总流域面积的 6.7%。由官厅水库至门头沟三家店，长度 108.7 千米，平均海拔 500～1000 米，短距离内落差从 450 米降至 100 米，山峦重叠，沟谷曲曲弯弯，坡度变化大，水流湍急。上游有两大支流：南为桑干河，发源于山西省宁武县管涔山；北为洋河，发源于内蒙古兴和县，汇合于河北省怀来县夹河村，开始称永定河。发源于北京延庆县的妫水河也流入永定河。上游处在太行山、阴山、燕山余脉、内蒙古黄土高原，海拔 1500 米以上，植被、地形、气候条件差，有八个产沙区，土壤侵蚀严重是永定河水泥沙含量极大的主要来源。

三、河道占用的定义及河道占用类型的划分

(一) 河道占用的定义

河道为城市水资源输送、防洪除涝、水能发电、污染物消解、城市的物质能量循环、美化城市景观提供了必不可少的条件和资源。随着我国社会经济发展和城市化进程加速，河道可持续利用受到了严重威胁和挑战。城市化对河道的破坏是多方面的，存在累积和叠加效应，导致河道整体功能逐渐衰退。同时，各类河道侵占问题严重，影响了河道的行洪能力，严重威胁河道附近居民的生命及财产安全。

(二) 河道占用类型的划分

河道是河水流经的路线，作为生态环境以及城市的水资源的重要组成部分，具有重要的战略经济意义，同时也是生态与环境的控制性要素。近年来，由于河道缺乏统一的管理，河道侵占现象严重，影响了河道的行洪能力，威胁

着周围居民的生命及财产安全。因此，对于河道的治理和管理而言，及时了解和监测河道的占用情况，便于河道的治理与生态恢复。根据河道的圈定范围，将河道内的地物类型进行分类，利用遥感技术监测和统计河道占用面积。

潮白河、永定河河道内地物类型特征明显，为了更好地分析研究河道占用情况的变化特征，项目组决定根据最新的自然资源分类解译表，并结合京津冀鲁地区潮白河河道占用的实际情况，将河道内地物类型分为五大类，分别为耕地、建设用地、绿地、河流、其他水域。其中：耕地包括水田和旱地；建设用地为其他建设用地；绿地包括乔木林、灌木林、其他林地和其他草地；河流包括河流水面、季节性或间歇性河流、河流滩涂；其他水域包括坑塘、淡水养殖场、城市公园景观水面。具体河道地物分类见表 5 - 1。

表 5 - 1　河道内地物类型分类

地物类型	自然资源分类
耕地	水田
	旱地
建设用地	其他建设用地
绿地	乔木林
	灌木林
	其他林地
	其他草地
河流	河流水面
	季节性或间歇性河流
	河流滩涂
其他水域	坑塘
	淡水养殖场
	城市公园景观水面

因此，结合上文河道地物类型的分类，以河道地物类型是否破坏河道原有面貌、是否影响河道的行洪能力为界定标准，将耕地和建设用地、绿地以及其他水域划为河道占用类型，而将河流划为非河道占用类型。

四、遥感数据源及河道地物解译标志

项目组针对接收到的影像数据类型进行了统计，详见表 5 - 2 和表 5 - 3。

表 5 – 2 京津段潮白河河道各年份使用的影像数据类型

年份	数据源
2012	WV1、WV2、QB、P1、ZY1 – 02C、ZY3、YG2
2013	P1、ZY1 – 02C
2014	KS2、KS3、YG14、ZY1 – 02C、TH1
2015	P1、YG24、YG14、YG5、TH1
2016	BJ2、GF1、GF2、ZY3、CB04、P1、DE2

表 5 – 3 京津段潮白河河道使用的影像数据类型

名称	影像分辨率	备注
P1	0.5m	普莱雅一号卫星
GF – 1	2m	高分一号卫星
GF – 2	1m	高分二号卫星
YG14	1m	遥感卫星十四号
YG2	1m	遥感卫星二号
YG5	1m	遥感卫星五号
YG24	1m	遥感卫星二十四号
YG26	0.5m	遥感卫星二十六号
ZY3	2m	资源三号卫星
TH1	2m	天绘一号卫星
ZY1 – 02C	2m	资源一号02C卫星
KS2	1m	韩国 KomSAT 卫星 2 号
KS3	1m	韩国 KomSAT 卫星 3 号
BJ2	1m	北京二号卫星
DE2	0.75m	西班牙 Deimos – 2 号光学遥感卫星
CB04	5m	中巴资源四号卫星
WV1	0.45m	WorldView – 1 视景卫星
WV2	0.5m	WorldView – 2 视景卫星
QB	0.61m	QuickBird 快鸟系列卫星

P1：普莱雅一号卫星，数据质量较好，色彩层次丰富，可清晰识别较小的土地类型，可解译程度高。

GF – 1、GF – 2：高分辨率系列卫星，数据质量较好，色彩层次丰富，数据纹理清晰，可清晰识别土地类型，可解译程度较高。

YG14：遥感卫星十四号，数据质量普遍尚好，可清晰识别大部分土地类型，但细节较为模糊，不同土地类型的边界（如林草地）不易辨别，总体来说可解译程度较高。

YG2、YG5、YG24、YG26：遥感卫星二号、遥感卫星五号、遥感卫星二十四号、遥感卫星二十六号，总体来说数据质量与遥感卫星十四号类似，细节不够清楚。

ZY3：资源三号卫星，作为补充数据。总体来说，该数据可识别大部分土地类型，纹理较为清楚。纹理特征不明显，可解译程度略高于TH1。

TH1：天绘一号卫星，作为部分多云地区的补充数据来使用。进行解译时，可以大概识别各因子边界，其土地类型特征不明显，可解译程度较低。

ZY1－02C：资源一号02C卫星，作为补充数据。该数据色调单一，可解译程度较低。

KS2、KS3：韩国KomSAT卫星系列，能满足1：5000到1：2000的地形测绘要求，分辨率较高，可解译程度较高。

BJ2：北京二号卫星，拥有三颗高分辨率卫星组成的民用商业遥感卫星星座，卫星具有得天独厚的优势，广泛应用于国土、农林、环保、城市规划等领域。

DE2：西班牙Deimos－2号光学遥感卫星，分辨率较高，地物形态清楚，可解译程度高。

CB04：中巴资源四号卫星，黑白影像，数据色调单一，纹理不清晰，细节不够清楚。

WV1、WV2：WorldView视景系列卫星，商业卫星，数据质量较好，色彩层次丰富，可解译程度高。

QB：QuickBird快鸟系列卫星，商业卫星，采集高质量卫星图像以用于地图绘制、变更侦测和图像分析、监测城市变化等方面。

项目组综合分析了不同遥感数据类型、不同时相的影像特征，并结合野外调查资料，现将河道内地物类型遥感影像特征列举如下，具体见表5－4。

表5－4　自然资源因子遥感影像特征

地类		解译标志	示例影像
耕地	水田	用于种植水稻、莲藕等水生农作物的耕地，影像多呈深绿色，规则块状，内部条带纹理	

地类		解译标志	示例影像
耕地	旱地	无灌溉设施，主要靠天然降水种植旱生农作物的耕地，多分布于山区，色调为绿色、浅绿色，影纹细腻	
绿地	乔木林	影像中颜色呈现墨绿色或绿色，连续致密，纹理特征明显，且有阴影色调较为均匀，呈现条带状、块状分布	
	灌木林	影像中呈绿色夹灰白色，色调不均匀，呈片状、斑块状展布，斑点、斑块状纹理，不连续	
	其他林地	影像中呈灰白色、绿色，呈现点状，可以看到底部裸色的土地，或者浅绿色的草地等，主要分布在平原地区	

地类		解译标志	示例影像
绿地	其他草地	影像中色调呈现浅绿色，纹理特征较为粗糙，一般呈斑块状、块状分布，主要分布在山区中山顶部位	
河流	河流水面	影像中常年有水的河流呈深蓝色或黑色，条带状展布，细长蜿蜒，两岸交替有支流汇入，主要分布在地势较低的地区	
	河流滩涂	位于深蓝色或黑色河流两侧，天然形成或人工开挖的河流洪水位岸线之间的滩涂，呈浅灰色条带状	
	季节性或间歇性河流	包含季节性河流的滩地、干枯的河床，呈灰白条带状	

续表

地类		解译标志	示例影像
其他水域	城市公园景观水面	为城市内部人工修建的湖泊、公园等景观水面，呈深蓝色、黑色	
	坑塘	分布于河道两侧，为人工开挖或天然形成的蓄水池，呈不规则块状，呈深黑色	
建设用地	其他建设用地	主要是河坝、河堤以及河道附近的水工建筑用地，呈亮白色规则形状	

五、潮白河、永定河河道地物类型现状

（一）潮白河

北京市潮白河主要流经密云、怀柔、顺义、通州四个区。北京市潮白河河道总面积为 3406. 87 公顷，其中河流的面积为 2818. 15 公顷，河道占用面积为 588. 72 公顷，具体见表 5 – 5。

表 5 – 5　2016 年北京市潮白河河道内地物类型面积统计

地物类型	面积（公顷）	合计
河流	2818. 15	2818. 15
建设用地	209. 97	
绿地	253. 85	588. 72
耕地	84. 43	
其他水域	40. 47	
总计	3406. 87	3406. 87

北京市潮白河河道的占用主要分布在密云区内河道的顶部，顺义区内河道的北部、中部，以及通州区内河道的中部。

由表 5 – 6 可知，河道占用类型中，绿地占用面积最大，为 253. 85 公顷，约占河道占用总面积的 43. 12%，绿地在三个区（县）的河段均有分布；其次为建设用地占用，为 209. 97 公顷，约占河道占用总面积的 35. 67%，建筑用地主要分布在顺义区内河道的中部、北部，以及通州区内河道的中部；耕地的占用面积为 84. 43 公顷，主要为旱地，分布在密云区内河道的顶部以及通州区内河道的中部；其他水域占用河道的面积最小，为 40. 47 公顷，其中坑塘占用面积最大，为 25. 93 公顷，其他水域主要分布在密云区内河道的顶部以及通州区内河道的中部。具体的占用类型比例如图 5 – 1 所示。

表 5 – 6　2016 年北京市潮白河河道占用类型面积统计

占用类型	自然资源分类	面积（公顷）	合计
建设用地	其他建设用地	209. 97	209. 97
绿地	灌木林地	2. 67	253. 85
	其他草地	61. 17	
	其他林地	153. 53	
	乔木林	36. 48	
耕地	旱地	84. 43	84. 43
其他水域	淡水养殖场	12. 10	40. 47
	坑塘	25. 93	
	城市公园景观水面	2. 44	
总计		588. 72	588. 72

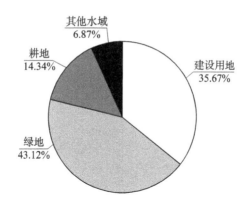

图 5-1　北京市潮白河河道占用类型比例

潮白河流入天津市后又称潮白新河，流经宝坻、宁河、滨海新区三个区，后在滨海新区汇入永定新河，最后入海。

由表 5-7 可知，天津市潮白河河道总面积为 5752.81 公顷，其中河流的面积为 4312.75 公顷，河道占用面积为 1440.06 公顷。

表 5-7　2016 年天津市潮白河道内地物类型面积统计

地物类型	面积（公顷）	合计
河流	4312.75	4312.75
建设用地	103.64	1440.06
绿地	397.30	
耕地	657.59	
其他水域	281.53	
总计	5752.81	5752.81

天津市内的河道占用主要分布在宝坻区内河段的顶部、底部，宁河区内河段的上半段以及流入滨海新区的河段。

由表 5-8 可知，在河道占用类型中耕地的面积最大，为 657.59 公顷，约占河道占用总面积的 45.66%，耕地主要分布在宝坻区河段的顶部以及底部，耕地中水田占比最高，为农用地总面积的 79.79%；其他水域的占用面积为 281.53 公顷，主要为淡水养殖场，主要分布在宝坻区和宁河区交界的河段，以及滨海新区的河段部分；建设用地占用河道的面积最小，为 103.64 公顷，全部为其他建设用地，建设用地主要分布在宁河区以及滨海新区的河段。具体的河道占用类型比例如图 5 – 2 所示。

表 5 – 8　2016 年天津市潮白河河道占用类型面积统计

占用类型	自然资源分类	面积（公顷）	合计
建设用地	其他建设用地	103.64	103.64
绿地	其他草地	356.75	397.30
	其他林地	34.63	
	乔木林	5.92	
耕地	旱地	132.89	657.59
	水田	524.70	
其他水域	淡水养殖场	254.33	281.53
	坑塘	27.20	
总计		1440.06	1440.06

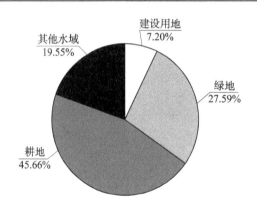

图 5 – 2　天津市潮白河河道占用类型比例

(二) 永定河

北京市永定河流经丰台区、石景山区、门头沟区、房山区和大兴区。

按照《全国自然资源遥感综合调查与信息系统建设技术要求（2017 年)》的技术标准，根据项目组解译成果，2016 年北京市永定河洪水位河道面积为3555.57 公顷，其中河流水面覆盖面积为 616.92 公顷，耕地、建设用地、绿地、其他水域覆盖面积共计 2938.65 公顷。河道占用区域中，其他建设用地占用面积最大，为 1291.42 公顷，约占河道总面积的 36.32%，以高尔夫球场最为常见；其次为其他草地，占用面积 1013.19 公顷，约占河道总面积的

28.50%；其他水域占用 386.04 公顷，主要为城市公园景观水面；耕地占用 130.78 公顷，约占河道总面积的 3.68%。具体情况见表 5 - 9。

表 5 - 9　北京市永定河河道覆盖类型统计

河道覆盖类型	自然资源分类	面积（公顷）	合计	占北京市河道面积百分比
耕地	水浇地	130.78	130.78	3.68%
建设用地	其他建设用地	1291.42	1291.42	36.32%
绿地	乔木林	5.73	1130.41	31.79%
	疏林	5.07		
	其他林地	106.42		
	其他草地	1013.19		
河流	河流水面	382.87	616.92	17.35%
	季节性或间歇性河流	219.33		
	河流滩涂	14.72		
其他水域	坑塘	3.31	386.04	10.86%
	城市公园景观水面	382.73		

按行政区县划分：大兴区河道面积最大，为 980.40 公顷，约占北京市河道总面积的 27.57%；其次为房山区，河道面积为 846.25 公顷，约占北京市河道面积的 23.80%；剩下依次为门头沟区、丰台区、石景山区。具体见表 5 - 10。

表 5 - 10　北京市河道面积统计（按区县划分）

区县名称	面积（公顷）	占北京市总河道百分比
大兴区	980.40	27.57%
房山区	846.25	23.80%
门头沟区	782.89	22.02%
丰台区	721.33	20.29%
石景山区	224.70	6.32%

在大兴区中，永定河河道已基本断流干涸，以其他草地占用河道为主，面积为 481.22 公顷，主要分布在与房山区交界处南五环附近；在房山区中，河道表面除少量城市公园景观水面外，无明显地表水覆盖，主要为其他建设用地占用河道，面积为 445.65 公顷，主要为高尔夫球场，分布在房山区东南部南六环附近；在门头沟区内，河流水面覆盖面积为 610.79 公顷，占北京市永定河当前水位河道面积的 99.01%；在丰台区、石景山区内，永定河河道主要为

人工治理河段，以城市公园景观水面为主，分别占区内河道面积的79.17%、96.07%。

永定河经过河北进入河泛区，主要为20世纪50年代洪水后形成的洪泛区，于天津市北辰区屈家店起为人工修建的永定新河河道，主要流经武清区、北辰区、宁河区和滨海新区。

按照《全国自然资源遥感综合调查与信息系统建设技术要求（2017年）》的技术标准，根据项目组解译成果，2016年天津市永定河洪水位河道面积为4622.71公顷，其中河流水面覆盖面积为3354.66公顷，建设用地、绿地、其他水域及未利用地覆盖面积共计1268.05公顷。河道占用区域中，其他草地占用最多，为894.94公顷，约占河道总面积的19.36%，主要分布在河道两侧人工生态护岸；其他河道覆盖类型所占河道总面积均不足3%，依次为乔木林、其他林地、盐碱地、淡水养殖场、坑塘、其他建设用地。具体情况见表5-11。

表5-11 天津市永定河河道覆盖类型统计

河道覆盖类型	自然资源分类	面积（公顷）	合计	占天津市河道面积百分比（%）
建设用地	其他建设用地	27.22	27.22	0.59
绿地	乔木林	132.17	1101.61	23.83
	其他林地	74.50		
	其他草地	894.94		
河流	河流水面	3330.29	3354.66	72.57
	河流滩涂	24.37		
其他水域	坑塘	32.08	83.42	1.80
	淡水养殖场	51.34		
未利用地	盐碱地	55.80	55.80	1.21

六、潮白河、永定河河道地物类型变化及分析

（一）潮白河

根据北京市潮白河河道各年度全分辨率解译得到的矢量，统计各年度河道地物类型变化数据，具体见表5-12。

表5-12 2012—2016年北京市潮白河河道地物类型面积 （单位：公顷）

地物类型	2012年	2013年	2014年	2015年	2016年
河流	2887.82	2884.28	2893.49	2896.07	2818.15
建设用地	146.58	130.27	137.07	131.34	209.97
绿地	239.30	262.32	244.79	256.26	253.85
耕地	93.20	91.19	89.67	86.70	84.43
其他水域	35.02	36.19	37.33	36.46	40.47
总计	3401.92	3404.25	3402.35	3406.83	3406.87

结合表5-12中的2012—2016年北京市潮白河地物类型面积变化可得图5-3所示的变化折线图。

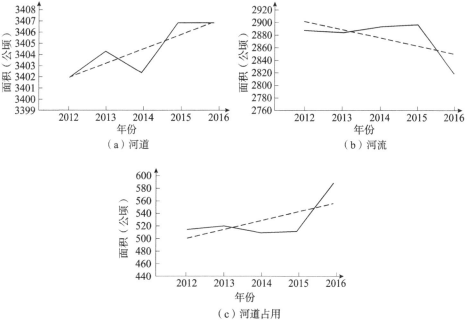

图5-3 2012—2016年北京市潮白河河道占用类型变化折线

由图5-3可以看出，2012—2013年河道总面积上升，2013—2014年有下降，而后又上升，然后趋于平稳，整体上河道总面积呈上升趋势。

从河流面积上来看，2012—2013年河流面积小幅下降，2013—2015年持续上升，而后又下降，整体上呈下降趋势。

从河道占用面积来看，2012—2013年河道占用面积小幅上升，2013—

2014 年又下降，2014—2015 年基本无变化，2015—2016 年又上升。

　　根据天津市潮白河河道各年度全分辨率解译得到的矢量，统计各年度河道地物类型变化数据，具体见表 5 – 13。

表 5 – 13　2012—2016 年天津市潮白河河道地物类型面积　　（单位：公顷）

地物类型	2012 年	2013 年	2014 年	2015 年	2016 年
河流	4077.11	4025.94	3945.45	4008.14	4312.75
建设用地	238.97	178.73	247.22	159.11	103.64
绿地	387.45	450.18	382.72	443.28	397.30
耕地	660.53	699.07	772.64	735.42	657.59
其他水域	388.28	398.89	404.78	406.84	281.53
总计	5752.34	5752.81	5752.81	5752.79	5752.81

　　结合表 5 – 13 中的 2012—2016 年天津市潮白河地物类型面积变化可得图 5 – 4 所示的变化折线图。

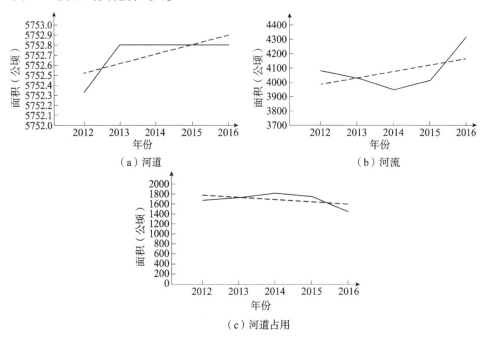

（a）河道　　　　　　　　　　　　（b）河流

（c）河道占用

图 5 – 4　2012—2016 年天津市潮白河河道总面积变化折线

　　从图 5 – 4 可以看出，2012—2013 年天津市潮白河河道总面积上升，而后在

2013—2016 年基本上无明显变化，整体上来看天津市河道总面积呈上升趋势。

从河流面积上来看，2012—2014 年河流面积持续下降，而后在 2014—2016 年又持续上升，整体上河流面积呈上升趋势。

从河道占用面积来看，2012—2014 年河道占用面积持续上升，而后在 2014—2016 年又持续下降，整体上河道占用面积呈下降趋势。

（二）永定河

项目组利用收集到的 2012—2016 年遥感影像数据，在进行严格几何配准的基础上，对天津段永定河河道内的地物进行了全分辨率解译。通过统计当年洪水位河道面积、河流面积及占用面积，得到的变化趋势如图 5−5 所示。

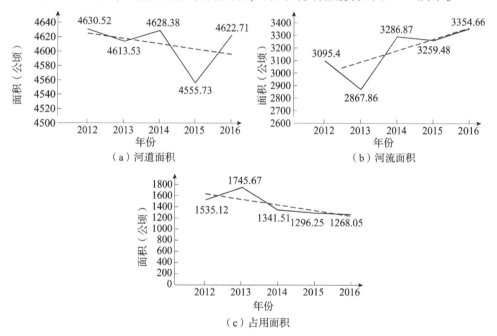

图 5−5　天津市永定河河道覆盖面积变化趋势

从洪水位河道覆盖面积变化来看，天津市永定河河道呈局部下降、整体区域稳定的变化趋势，2016 年较 2012 年减少了 0.17%，变化较稳定。

从河道当前水位覆盖面积变化来看，天津市永定河河道河流水面呈整体上升的变化趋势，2012—2013 年略有下降，随后呈增长趋势。

从河道占用面积来看，2012—2016 年天津市永定河河道占用面积呈整体下降、局部有上升的趋势。

按河道覆盖类型划分，2012—2016 年天津市永定河河道地物类型面积变化统计数据见表 5 – 14，变化趋势如图 5 – 6 所示。

表 5 – 14　2012—2016 年天津市永定河河道地物类型面积　（单位：公顷）

覆盖类型	2012 年	2013 年	2014 年	2015 年	2016 年
河流	3095.40	2867.86	3286.87	3259.48	3354.66
建设用地	4.86	35.19	3.10	30.87	27.22
绿地	721.51	1143.01	1205.20	1147.38	1101.61
其他水域	665.86	461.25	76.21	69.28	83.42
未利用地	142.89	106.22	57.00	48.72	55.80
总计	4630.52	4613.53	4628.38	4555.73	4622.71

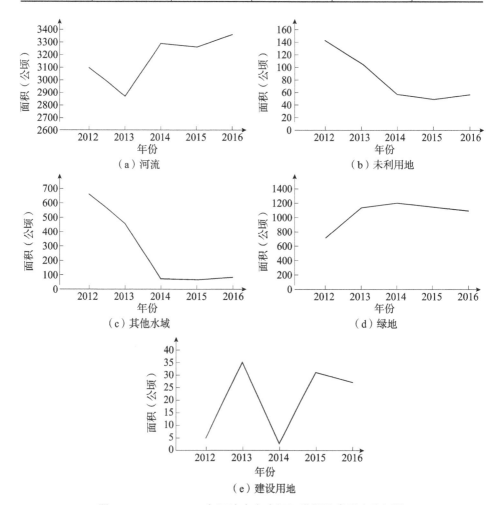

图 5 – 6　2012—2016 年天津市永定河河道覆盖类型变化折线

由图 5 – 6 可知，河流、绿地呈增长趋势，其他水域与未利用地则相应减少，建设用地随年份增加呈现波动趋势。通过整理文献，结合遥感影像分析不同时相天津市永定河河道占用情况，现对发生上述变化趋势的原因进行阐述。

天津市永定河主要分为两部分：武清区后沙窝地区至北辰区屈家店一段，为永定河河泛区，主要为细小支流，周围多农用坑塘、沟渠，2012—2016 年变化较小；屈家店至北塘入海口一段，为人工修建的永定新河，河道占用变化主要集中在永定新河河段。

永定新河自建成以来，上游下泄径流甚少，河道受潮汐水流控制。随潮水上溯的大量海域来沙不断在河道内淤积，河道行洪能力大幅度下降。据淤积情况预测，再过 10 年左右时间埝下河道即达淤积平衡，河道主槽将被基本淤平，届时永定河和北三河洪水将失去出路，严重威胁天津市防洪安全，因此永定新河必须进行彻底治理。

2008 年 4 月，天津市政府下发《天津滨海新区生态建设与环境保护规划 (2007—2020)》的批复。按照规划，滨海新区将建成"三横两纵"5 条生态廊道，其中永定新河生态保护廊道作为其中一条重要建设生态廊道，具有重要意义。该条生态廊道的建设目标是通过建立河岸保护带、保护缓冲带以及同景观公园相结合的防护体系，将河流及沿线土壤的生态恢复与景观建设结合起来。

永定新河治理分二期实施：一期工程主要建设内容包括河道清淤、复堤、交通桥复建及河口建闸等；二期主要建设内容为河道清淤扩挖、堤防加高加固、穿堤建筑物和生产桥复建等。治理一期工程于 2007 年开工建设，2011 年完工。二期主体工程则于 2013 年年底开始，2016 年完成。

二期主体工程设计中，采取的水土流失防治措施主要有地方内测边坡护砌、河道清淤、排泥场围堰等，这些措施减轻了工程产生的水土流失影响，并对稳定边坡、防治水土流失起到了积极的作用。

对应河道占用发生的变化，主要为对河道边淡水养殖场、盐碱地进行填泥，人工建造生态护岸。在保证结构稳定的基础上，通过增加护岸上的动植物及微生物群落，逐步形成近自然的、完整的生态结构。

根据天津市 2012—2016 年永定河河道内地物类型面积分县统计，现统计每一年地物类型的变化，以一年的同类地物的面积减去上一年该地物的面积，形成地物类型面积动态变化表。若数值为正，则表明该地物面积增加；若数值为负，则相反。

天津地区永定河依次流经武清区、北辰区、宁河区、东丽区、滨海新区。现分县叙述河道覆盖类型的动态变化。具体见表 5 – 15 ~ 表 5 – 24。

从河流面积的变化上来看，武清区 2012—2016 年河流面积呈减小趋势，但减小面积较小，变化不明显。

表 5 – 15　2012—2016 年武清区永定河河流面积变化　　　（单位：公顷）

自然资源分类	2012—2013 年	2013—2014 年	2014—2015 年	2015—2016 年
河流水面	0	– 1.6	– 0.22	– 0.97
变化合计	0	– 1.6	– 0.22	– 0.97

从河道占用上来看，武清区 2014—2015 年变化较大，其他水域减小了 17.67 公顷。

表 5 – 16　2012—2016 年武清区永定河河道占用面积变化　　（单位：公顷）

占用类型	自然资源分类	2012—2013 年	2013—2014 年	2014—2015 年	2015—2016 年
其他水域	坑塘	0	0	0	4.76
	淡水养殖场	0	0	– 17.67	0
变化合计		0	0	– 17.67	4.76

从河流面积及河道占用的变化上来看，北辰区 2013—2014 年河道覆盖类型变化较大，河道占用减小了 45.32 公顷，河流水面增加了 44.82 公顷。这主要是由于北辰区实施永定新河治理工程，人工护岸的修建保持了河流水土，增加了河道宽度。

表 5 – 17　2012—2016 年北辰区永定河河流面积变化　　　（单位：公顷）

自然资源分类	2012—2013 年	2013—2014 年	2014—2015 年	2015—2016 年
河流水面	– 23.38	44.82	35.18	0.71
河流滩涂	0	0	3.51	– 18.19
变化合计	– 23.38	44.82	38.69	– 17.48

表 5 - 18　2012—2016 年北辰区永定河河道占用面积变化　　（单位：公顷）

占用类型	自然资源分类	2012—2013 年	2013—2014 年	2014—2015 年	2015—2016 年
建设用地	其他建设用地	-0.19	-1.57	0.83	-1.41
	合计	-0.19	-1.57	0.83	-1.41
绿地	乔木林	0.63	82.86	6.94	37.01
	灌木林	5.75	-46.84	-0.65	-11.57
	其他林地	3.01	2.48	-3.4	38.92
	疏林	11.17	-11.17	0	0
	其他草地	77.35	-6.82	-43.55	-52.42
	合计	97.91	20.51	-40.66	11.94
其他水域	坑塘	13.79	-15.09	2.81	9.38
	淡水养殖场	-80.02	-49.17	0	0
	合计	-66.23	-64.26	2.81	9.38
未利用地	裸地	-15.45	0	0	0
	合计	-15.45	0	0	0
变化合计		16.04	-45.32	-37.02	19.91

从河流面积及河道占用的变化上来看，宁河区河道覆盖类型 2013—2014
年变化较大，主要表现为淡水养殖场向河流水面的转化。

表 5 - 19　2012—2016 年宁河区永定河河流面积变化　　（单位：公顷）

自然资源分类	2012—2013 年	2013—2014 年	2014—2015 年	2015—2016 年
河流水面	12.25	195.48	-10.15	59.65
河流滩涂	0	0	0	4.55
变化合计	12.25	195.48	-10.15	64.20

表 5 - 20　2012—2016 年宁河区永定河河道占用面积变化　　（单位：公顷）

河道占用类型	自然资源分类	2012—2013 年	2013—2014 年	2014—2015 年	2015—2016 年
绿地	其他林地	6.17	-6.17	0	0
	其他草地	46.56	48.95	-51.15	-9.96
	合计	52.73	42.78	-51.15	-9.96
其他水域	坑塘	0	0.64	-0.64	0
	淡水养殖场	-65.19	-227.65	0	0
	合计	-65.19	-227.01	-0.64	0

续表

河道占用类型	自然资源分类	2012—2013 年	2013—2014 年	2014—2015 年	2015—2016 年
未利用地	盐碱地	0	- 6.45	- 8.28	7.08
	裸地	0	0	0	0
	合计	0	- 6.45	- 8.28	7.08
变化合计		- 12.46	- 190.68	- 60.07	- 2.88

从河流面积的变化上来看，东丽区河流面积 2013—2014 年变化较大，河流水面面积增加了 14.06 公顷。河道占用方面，同期减小了 11.54 公顷，主要表现为淡水养殖场向河流水面和其他草地的转化。

表 5 - 21 2012—2016 年东丽区永定河河流面积变化 （单位：公顷）

自然资源分类	2012—2013 年	2013—2014 年	2014—2015 年	2015—2016 年
河流水面	0	14.06	1.61	0
变化合计	0	14.06	1.61	0

表 5 - 22 2012—2016 年东丽区永定河河道占用面积变化 （单位：公顷）

河道占用类型	自然资源分类	2012—2013 年	2013—2014 年	2014—2015 年	2015—2016 年
绿地	其他林地	0	0	0	5.09
	其他草地	0	19.98	- 0.3	- 5.10
	合计	0	19.98	- 0.3	- 0.01
其他水域	淡水养殖场	0	- 31.52	0	0
	合计	0	- 31.52	0	0
变化合计		0	- 11.54	- 0.3	- 0.01

从河流面积的变化来看，滨海新区 2012—2013 年变化较大，河流水面减小了 216.41 公顷。河道占用方面，2012—2013 年其他草地增加了 268.20 公顷，主要原因是永定新河段为防治水土流失，人工生态护岸的建成增加了较大面积的其他草地。随着永定新河治理工程的实施，河道清淤，入海防潮闸的建成，永定新河滨海新区段河流水面面积呈逐年增长的趋势。天津市滨海新区永定新河淡水养殖场变化如图 5 - 7 所示。

表 5 – 23　2012—2016 年滨海新区永定河河流面积变化　（单位：公顷）

自然资源分类	2012—2013 年	2013—2014 年	2014—2015 年	2015—2016 年
河流水面	− 179.91	166.25	− 57.32	31.96
河流滩涂	− 36.50	0	0	17.47
变化合计	− 216.41	166.25	− 57.32	49.43

表 5 – 24　2012—2016 年滨海新区永定河河道占用面积变化　（单位：公顷）

河道占用类型	自然资源分类	2012—2013 年	2013—2014 年	2014—2015 年	2015—2016 年
建设用地	其他建设用地	30.52	− 30.52	26.94	− 2.24
	合计	30.52	− 30.52	26.94	− 2.24
绿地	乔木林	0	− 0.19	0.19	0
	灌木林	0	0	0	0
	其他林地	2.66	− 2.66	0	2.65
	疏林	0	0	0	0
	其他草地	268.20	− 18.23	34.10	− 50.39
	合计	270.86	− 21.08	34.29	− 47.74
其他水域	坑塘	− 73.19	− 14.48	8.57	0
	淡水养殖场	0	− 47.77	0	0
	合计	− 73.19	− 62.25	8.57	0
未利用地	盐碱地	− 30.24	− 16.51	0	0
	裸地	9.02	− 26.26	0	0
	合计	− 21.22	− 42.77	0	0
变化合计		206.97	− 156.62	69.8	− 49.98

综合上述 2012—2016 年河流面积变化和河道占用面积变化的分区表，可得表 5 – 25 和表 5 – 26。

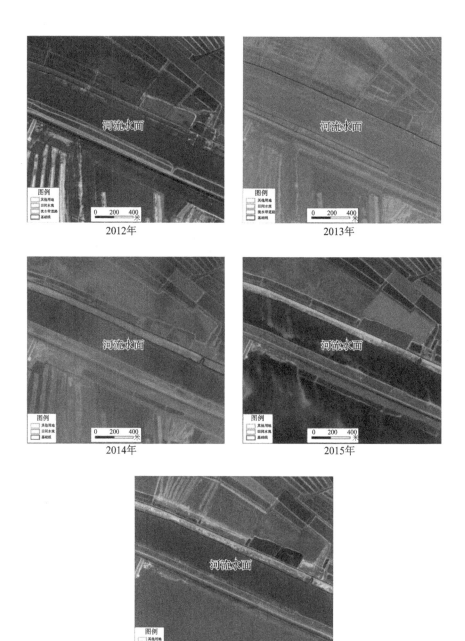

图5-7 天津市滨海新区永定新河淡水养殖场变化

表 5 – 25　河流面积变化分区　　　　　　　　　　（单位：公顷）

区县名	2012—2013 年	2013—2014 年	2014—2015 年	2015—2016 年
武清区	0	– 1.60	– 0.22	– 0.97
北辰区	– 23.38	44.82	38.69	– 17.48
宁河区	12.25	195.48	– 10.15	64.20
东丽区	0	14.06	1.61	0
滨海新区	– 216.41	166.25	– 57.32	49.43
合计	– 227.54	419.01	– 27.39	95.18

表 5 – 26　河道占用面积变化分区　　　　　　　　（单位：公顷）

区县名	2012—2013 年	2013—2014 年	2014—2015 年	2015—2016 年
武清区	0	0	– 17.67	4.76
北辰区	16.04	– 45.32	– 37.02	19.91
宁河区	– 12.46	– 190.68	– 60.07	– 2.88
东丽区	0	– 11.54	– 0.3	– 0.01
滨海新区	206.97	– 156.62	69.8	– 49.98
合计	210.55	– 404.16	– 45.26	– 28.20

由表 5 – 25 和表 5 – 26 可知，2012—2016 年天津市永定河河道变化主要集中在 2012—2014 年，集中分布在滨海新区，表现为河流水面面积和河道占用面积的此消彼长，永定新河的治理工程是引起这一变化的主要原因。

七、意见及建议

（1）2016 年北京市潮白河河道占用以建设用地和绿地为主，因此要加大河道内建设用地的监管，对于河道内的绿地，可以结合人工景观的设计，将其改造为防洪湿地。顺义区和密云区河道占用面积在北京市四个区中最多，分别为 287.49 公顷和 177.19 公顷。针对潮白河河道占用现状，应重点整治密云和顺义两区。2016 年天津市潮白河河道占用以耕地为主，对于耕地的占用，建议有关部门加大执法、监管的力度，应适当处罚河道内耕地的占用行为，提升河道的蓄水防洪意识。宝坻区段潮白河河道占用面积在流经天津市的三个区中最大，且以耕地为主，因此应重点整治宝坻区内耕地的占用。

（2）2012—2015 年北京市潮白河河道占用有所增减，但变化不大，2015—2016 年河道占用面积大幅增加，主要是因为顺义段建设用地的增加，且面积增加最多的位置位于小胡营村附近，从 2016 年影像上可以很明显地看出该河段施工痕迹，疑似河砂盗采，建议实地查证。2012—2014 年天津市河道占用面积逐年增加，而 2015—2016 年河道占用面积又明显下降，整体上来看，天津市河道占用面积呈下降趋势，但天津市部分河段的耕地可能存在"伪变化"，即上一年能在影像上清楚看到，但下一年可能因河水漫过而"消失"，因此应结合实地调查，重点监管耕地的占用情况。

（3）历史上永定河水患的频繁发生，除了气候和地理因素外，最重要的原因就是永定河两岸森林的采伐和破坏。另外，永定河被不同省市分而治之，各省市之间往往缺乏有效的协调和沟通，如果上游地区不断地拦水筑坝，排放污水，即便下游京津两地治理的效果再佳，也事倍功半。因此在未来永定河生态环境的修复和治理中，毋庸置疑的是不能忽视永定河在自然生态系统上的整体性。河流不仅是人类视域中的水利或自然资源，它还是一个生命体，一个自然生态系统，只有恢复河流的自然生命，才能保持它的活力。可以看到，在房山区、大兴区，永定河河道呈断流状态，曾有违法盗采砂石的现象，建议有关部门加强监管，合理部署河道采砂点。目前永定河的修复治理，主要是城市景观的修复，远未形成对整个流域尤其是河源的保护与开发。因此，永定河的治理，不能仅仅局限于城市景观的修复，而是要集中精力修复永定河的自然生态系统，转变治理观念。正确处理人工水景和永定河修复之间的关系，依据永定河河道自身的情况合理进行人工水景的建设，发挥其生态功能及景观价值。

第二节　自然保护区自然资源与生态环境分析

一、北京市国家级自然保护区

北京市处于华北平原与太行山脉、燕山山脉的交接部位，东距渤海 150 千米，东南部为平原，属于华北平原的西北边缘区；西部山地主要为太行山脉的东北余脉；北部、东北部为山地，处于燕山山脉的西段支脉。北京市有两个自然保护区，分别为百花山自然保护区和松山自然保护区，总面积为 3.02 万公顷。百花山自然保护区和松山自然保护区均属于森林生态类型。

百花山国家级自然保护区地处北京西部，位于北京市门头沟区清水镇境内，总面积为 2.38 万公顷，具有区域性调节气候、水土保持、水源涵养和风沙防治等巨大生态作用。松山国家级自然保护区位于北京市西北部延庆区海坨山南麓，地处燕山山脉的军都山中，总面积 6410.17 公顷，距北京市区仅 90 千米。西、北分别与河北省怀来县和赤城县接壤，东、南分别与延庆县张山营镇佛峪口、水峪等村相邻，松山保护区内有华北地区唯一的大片天然油松林，以及华北地区典型的天然次生阔叶林。由于森林覆盖率高，因此保护区内野生动物的种类也相当丰富。

保护区内现有林地资源 2.94 万公顷，其中百花山自然保护区内林地面积最大。现有耕地资源 73.04 公顷，主要位于百花山自然保护区；现有地表水资源 10.61 公顷，建设用地 205.40 公顷，湿地资源 10.61 公顷。2012 年至 2017 年，建设用地共增加了 5.72 公顷，均位于百花山自然保护区；耕地面积减少了 0.45 公顷，主要体现在退耕还林。现有采矿权一个，无探矿权，较 2012 年度采矿权减少一个，探矿权减少两个。矿山占地面积为 454.49 公顷，位于百花山自然保护区内，较上年度新增了 440.93 公顷。

总体来看，北京市国家级自然保护区内植被茂密，植物种类丰富，但百花山自然保护区矿山占地面积较多且扩展迅速，未开展矿山恢复治理，建议加强对矿山的监管，加强保护区内矿山环境的恢复治理；针对新增的建设用地，建议严格控制保护区内建设用地的增加；加快退耕力度，改善保护区内的生态情况。

（一）百花山国家级自然保护区

百花山国家级自然保护区始建于 1985 年 4 月 1 日，地处北京西部，位于北京市门头沟区清水镇境内，为森林生态类保护区，主要保护对象为温带次生林，总面积为 2.37 万公顷，其中核心区 7983.79 公顷，缓冲区 5261.03 公顷，实验区 1.05 万公顷。百花山自然保护区内物种资源丰富、地理位置特殊，生态环境体系完整，具有区域性调节气候、水土保持、水源涵养和风沙防治等巨大生态作用。百花山自然保护区遥感监测如图 5-8 所示。

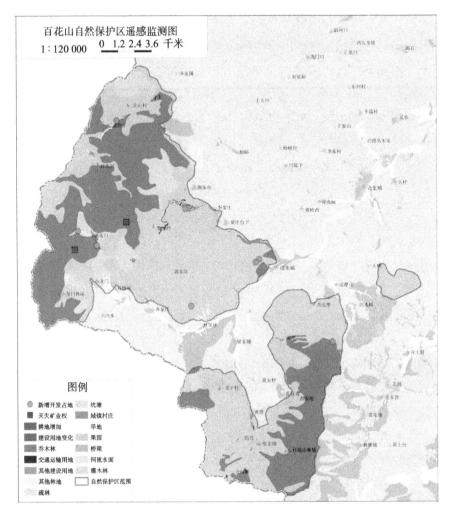

图 5 - 8　百花山自然保护区遥感监测

　　百花山自然保护区内现有林地资源 2.31 万公顷，约占保护区总面积的 97.46%，其中灌木林面积最大，为 1.29 万公顷，乔木林 8454.80 公顷，疏林 1747.27 公顷，其他林地 67.39 公顷。现有耕地资源 72.21 公顷，地表水资源 2.36 公顷，建设用地 202.88 公顷，湿地资源 2.36 公顷。2012 年至 2017 年，耕地面积减少了 0.21 公顷，主要体现在退耕还林；建设用地增加了 5.72 公顷。保护区内现有采矿权一个，较 2012 年度减少一个；现无探矿权，较 2012 年度减少两个，矿山占地面积为 454.49 公顷，较上年度增加了 440.93 公顷。

　　核心区内矿山占地面积较大且扩展迅速；保护区建设用地面积较大，且缓冲区内建设用地面积有所增加。

百花山自然保护区内森林资源保护较好，生态环境总体较好。建议关闭在采矿山，严控矿山占地的增加，加快核心区内矿山环境的恢复治理工作；进一步明确采矿权退出机制和办法，订立采矿权退出清单，加大采矿权清理与退出力度；严禁新的探矿行为；进一步明晰保护区管理办法，严格控制核心区内建设用地的增加。

（二）北京松山国家级自然保护区

北京松山国家级自然保护区始建于 1985 年 4 月 1 日，位于北京市延庆区海坨山南麓，地处燕山山脉的军都山中，距北京市区 90 千米，距延庆城区 25 公里。保护区总面积为 6410.17 公顷，属于森林生态类型保护区，主要保护对象为温带森林和野生动植物。作为北京市西北方向保存最完好的生态系统，它在水源涵养、抵御风沙及空气净化等方面具有重要作用。北京松山国家级自然保护区遥感监测如图 5 - 9 所示。

松山自然保护区内自然资源丰富，林地、湿地、地表水在保护区内均有分布。保护区内林地资源最为丰富，通过遥感监测表明，保护区内现有林地资源总面积为 6172.28 公顷，约占保护区总面积的 96.29%。其中，以乔木林、灌木林和疏林为主，乔木林面积最大，为 3121.68 公顷，灌木林的面积为 2851.58 公顷，疏林的面积为 199.02 公顷。保护区内地表水面积为 8.25 公顷，湿地面积为 8.25 公顷，其中湿地面积约占保护区总面积的 0.13%。保护区内耕地面积为 0.83 公顷，区内还有少量城镇村庄，面积仅 2.25 公顷，约占保护区总面积的 0.04%。从 2012 年到 2017 年，保护区内自然资源变化很小，自然资源的变化主要体现在退耕还林，林地增加的面积为 0.24 公顷。保护区内无采矿、探矿权，较 2012 年度无变化；无小型及小型以上规模的矿山开采活动，较 2012 年度无变化。

松山自然保护区森林资源丰富，生态环境保护较好。建议在维持现状的基础上，进一步加大对违法占用林地案件的查处力度，依法惩治破坏林地资源犯罪活动；增强群众的林地保护意识和法制观念，进一步面向社会大力宣传保护林地的重要性和有关法律法规；继续加强对保护区内自然环境和森林资源的保护管理。

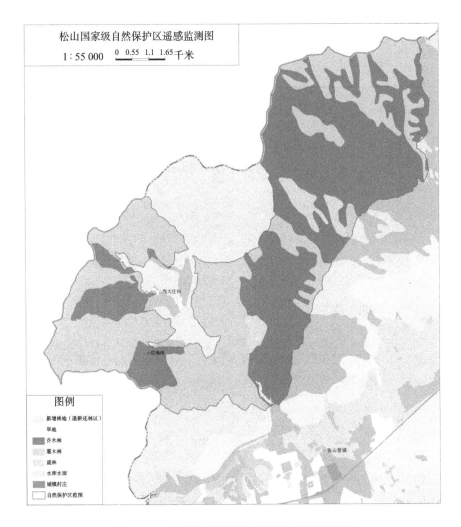

图 5 – 9　北京松山国家级自然保护区遥感监测

二、天津市国家级自然保护区

天津市地处华北平原北部，东临渤海，北依燕山，属暖温带半湿润季风性气候。天津市地质构造复杂，大部分被新生代沉积物覆盖。地势以平原和洼地为主，北部有低山丘陵，海拔由北向南逐渐下降，地貌总轮廓为西北高而东南低。天津市内国家级自然保护区共有 3 个，分别为八仙山自然保护区、蓟州区中上元古界地层剖面自然保护区和天津市古海岸与湿地自然保护区，总面积为4.21万公顷。

八仙山自然保护区位于蓟州区城区东北约 30 千米，属森林生态系统类型的保护区，主要保护对象为森林生态系统。蓟州区中上元古界地层剖面自然保护区位于天津市蓟州区境内，中上元古界地层标准剖面展布蓟州区城北，属地质遗迹类型，主要保护对象为中上元古界地质剖面。天津市古海岸与湿地国家级自然保护区位于渤海西岸，属古生物遗迹类型的保护区，主要保护对象为贝壳堤、牡蛎滩古海岸遗迹和滨海湿地。

保护区内现有林地资源 4958.14 公顷，其中八仙山自然保护区所占面积最大。现有草地资源 2245.81 公顷，耕地资源 2.0 万公顷，主要位于古海岸与湿地自然保护区内；现有地表水资源 3734.86 公顷，建设用地 4314.59 公顷；湿地资源 1.11 万公顷，主要位于古海岸与湿地自然保护区。2012—2017 年，湿地资源增加了 2754.1 公顷，全部位于古海岸与湿地自然保护区。林地资源增加了 139.18 公顷，主要位于中上元古界地层剖面自然保护区。现有探矿权两个，无采矿权，较 2012 年度，采矿权减少了 5 个，探矿权新增两个，灭失两个。矿山占地 279.82 公顷，矿山活动主要分布在古海岸与湿地自然保护区内。中上元古界地层剖面自然保护区矿山占地较上年度减少了 0.34 公顷，而八仙山自然保护区矿山占地增加了 0.52 公顷。

总体来看，保护区内自然资源比较丰富，生态环境保护较好。但古海岸与湿地自然保护区内耕地面积较大，建议加快退耕力度；大部分区域矿山活动正在逐步减少，但八仙山自然保护区矿山占地面积仍在增加，建议加大八仙山自然保护区生态环境保护力度，明确采矿用地治理责任，加快现有采矿占地恢复治理力度；进一步完善保护区内的相关管理制度，有效保护生态环境，合理利用。

（一）八仙山自然保护区

八仙山自然保护区始建于 1984 年 12 月 30 日，位于蓟州区城东北约 30 千米，地处北京、天津、唐山、承德四市之腹心，燕山山脉西侧尾支，面积约4950.02 公顷。其中，核心区 1484.72 公顷，缓冲区 1671.28 公顷，实验区1794.02 公顷。八仙山自然保护区主要保护对象为森林生态系统，保护区的建立对森林生态系统的保护和管理具有重要的意义。八仙山自然保护区遥感监测如图 5 – 10 所示。

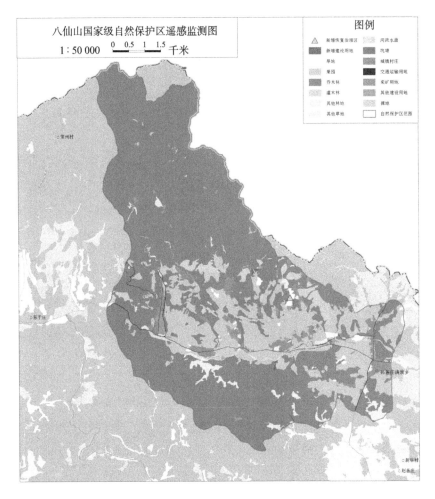

图 5 – 10　八仙山国家级自然保护区遥感监测

八仙山自然保护区内现有林地资源 3697. 72 公顷，其中乔木林地 3506. 12 公顷，灌木林地 99. 48 公顷，其他林地 92. 12 公顷；现有草地资源 14. 53 公顷，耕地资源 31. 01 公顷，园地资源 926. 78 公顷，地表水资源 19. 64 公顷，建设用地 230. 96 公顷，湿地资源 19. 64 公顷。耕地面积较 2012 年度无变化，建设用地面积较 2012 年度增加了 1. 4 公顷。区内现无采矿权和探矿权；现有矿山占地面积为 14. 82 公顷，较上年度减少了 1. 7 公顷；矿山环境恢复治理面积为 12.71 公顷, 较上年度增加了 1.7 公顷。

八仙山自然保护区内现有少量耕地, 缓冲区和实验区内存在大量园地; 缓冲区和实验区内建设用地面积较大, 且呈增长态势。缓冲区内存在矿山占地, 且矿山占地面积较上年度有所增加, 对保护区内的森林资源和生态环境产生了一定的影响。

八仙山自然保护区内森林生态系统保护较好, 建议加大对缓冲区内园地的监管, 加快园地的退出与改造力度, 按原生态类型进行重建; 加快保护区内的退耕力度; 进一步明晰保护区管理办法, 严格控制建设用地的增加; 加大区域生态环境保护力度, 明确采矿用地治理责任, 加快缓冲区内现有采矿占地恢复治理力度, 进一步加强对森林资源和生态环境的保护。

(二) 蓟州区中上元古界地层剖面自然保护区

蓟州区中上元古界地层剖面自然保护区始建于 1984 年 10 月 18 日, 位于天津市蓟州区境内, 是中国第一个国家级地质遗迹自然保护区, 主要保护对象为中上元古界地质剖面。中上元古界地层标准剖面展布蓟州区城北, 城区至黄崖关公路以东, 始于区境东北端的常州村, 沿东北至西南方向层层叠复, 直至临近城区的府君山, 总面积891.27 公顷, 以地层齐全、出露连续、保存完好、顶底清楚、构造简单、变质极浅、古生物化石丰富等得天独厚之特色闻名于世, 并被确定为中国中上元古界的标准剖面。该保护区的建立对蓟州区中上元古界标准剖面的保护具有重要意义。蓟州区中上元古界地层剖面自然保护区遥感监测如图 5 – 11 所示。

中上元古界地层剖面自然保护区现有林地资源 761.8 公顷, 约占保护区总面积的 85.47%, 区内有少量的草地, 面积为 0.39 公顷; 现有耕地资源 22.85公顷, 地表水资源 0.8 公顷, 建设用地 73.7 公顷, 湿地资源 0.8 公顷。2012年至 2017 年, 保护区内林地资源增加了 121.32 公顷, 建设用地面积增加了0.16 公顷。保护区内现无采矿权和探矿权, 探矿权较 2012 年度减少一个; 矿山占地面积为 0.1 公顷, 较上年度减少了 0.31 公顷; 矿山环境恢复治理面积为 0.31 公顷, 较上年度增加了 0.31 公顷。

中上元古界地层剖面自然保护区内建设用地和耕地面积较大, 且建设用地面积有少量增加。区内尚存在少量矿山开发占地。

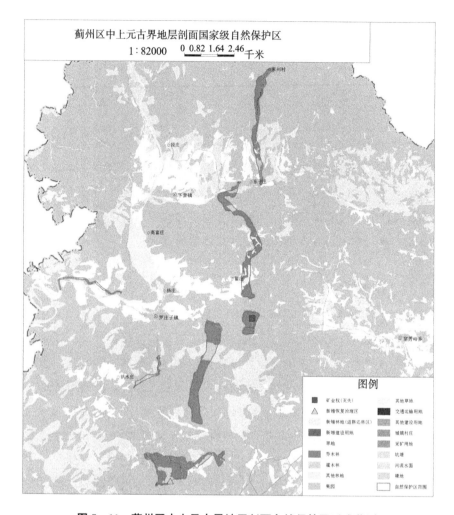

图 5 – 11   蓟州区中上元古界地层剖面自然保护区遥感监测

中上元古界地层剖面自然保护区内生态环境保护较好，建议加快退耕力度，按照原破坏类型进行生态重建；严格控制保护区内建设用地的增加；继续加强对矿山环境的管理，明确采矿用地治理责任，加大矿山恢复治理的力度；完善相关的规章制度，继续加强对保护区内的自然资源和地质遗迹的保护管理。

（三）天津市古海岸与湿地自然保护区

天津市古海岸与湿地自然保护区始建于 1984 年 12 月 30 日，位于渤海西岸，属古生物遗迹类型，主要保护对象为贝壳堤、牡蛎滩古海岸遗迹及滨海湿地，总面积 3.63 万公顷。其中，核心区 4950.68 公顷，缓冲区 4918.10 公顷，实验区 2.64 万公顷。保护区的建立对贝壳堤、牡蛎滩珍稀古海岸遗迹和湿地自然环境及其生态系统的保护和管理具有重要意义。

天津市古海岸与湿地自然保护区内现有林地资源 498.6 公顷，草地资源 2230.88 公顷，耕地资源 2 万公顷，地表水资源 3714.41 公顷；湿地资源 1.11 万公顷，其中人工湿地资源 7546.26 公顷，沼泽湿地 1830.67 公顷，河流湿地 1742.41 公顷；现有建设用地 4010.06 公顷。2012 年到 2017 年，区内湿地增加了 2754.1 公顷，建设用地增加了 99.41 公顷。保护区内现有探矿权两个，无采矿权，较 2012 年探矿权新增两个、灭失一个，采矿权灭失 5 个；矿山占地 250.18 公顷，较 2012 年度增加了 0.12 公顷，现有违法开采点 6 个。

天津市古海岸与湿地自然保护区内核心区和缓冲区内耕地面积较大，建设用地增加较多；实验区内存在较大面积的耕地和建设用地，矿山占地面积较大，矿山恢复治理力度不够，且还存在违法开采活动。建议加快核心区和缓冲区内的退耕力度，并按照原破坏类型进行生态重建；进一步明晰保护区管理办法，严格控制建设用地的增加；加大区域生态环境保护力度，明确采矿用地治理责任，加快现有采矿占地恢复治理力度；加大探矿行为退出力度，严禁新的探矿行为；加强对矿山的整治治理力度，减少违法开采。

第六章

结　语

项目组通过 2017 年度调查工作，基于遥感数据完成了以下主要成果。

一、京津冀鲁地区自然资源调查成果

（1）2016 年北京市耕地资源总量为 2305.87 平方千米，园地资源总量为 492.47 平方千米，林地资源总量为 9802.64 平方千米，林地主要分布于北部延庆区、怀柔区和密云区，以及南部房山区和门头沟区；草地资源总量为 141.16 平方千米，主要分布于南部房山区和门头沟区；地表水资源总量为 277.72 平方千米。

（2）2016 年天津市耕地资源总量为 4753.61 平方千米，园地资源总量为 26.48 平方千米，林地资源总量为 1117.20 平方千米，林地主要分布于蓟州区北部山区；草地资源总量为 848.54 平方千米，草地零星分布于天津市各个区；地表水资源总量为 886.09 平方千米。

二、京津地区生态地质环境调查成果

（1）2016 年北京市荒漠化土地总量为 30.30 平方千米，北京市荒漠化土地分布零散，没有大面积出现，且均为轻度荒漠化；湿地资源总量为 511.39 平方千米，主要以人工湿地为主。

（2）2016 年天津市荒漠化土地总量为 828.76 平方千米，荒漠化土地分布较为集中；湿地资源总量为 3274.71 平方千米，主要以人工湿地为主；海岸线长度为 353.39 千米，广泛分布于滨海新区，主要以人工海岸为主。

　　基于上述调查成果，项目组基本摸清了京津冀鲁地区自然资源、生态环境的现状、分布情况，为京津冀鲁地区的自然资源、生态地质环境的保护提供了数据基础。

参考文献

［1］赵福岳，方洪宾，张瑞江. 全国生态地质环境遥感监测成果集成与综合研究成果报告［R］，2011 – 06 – 30.

［2］赵玉灵，聂洪峰，王永江. 中国东部重要经济区带基础地质环境遥感调查与监测成果报告［R］，2010 – 12 – 31.

［3］张克锋，张军连，陆诗雷，等. 北京山区林地变化与社会经济驱动力研究［J］. 绿色中国，2005（3）：45 – 47.

［4］孟媛，姜广辉，张旭红. 北京市朝阳区绿化隔离地区绿地变化分析［J］. 国土资源科技管理，2015（3）：126 – 133.

［5］张力. 北京市重点风沙区人工植被恢复机制与生态特性研究［D］. 北京：北京林业大学，2006.

［6］何鹏. 基于二类调查数据的森林资源时空动态分析评价研究［D］. 北京：中国林业科学研究院，2010.

［7］张会儒，何鹏，郎璞玫. 基于森林资源二类调查数据的延庆县森林景观格局分析［J］. 西部林业科学，2010，39（4）：1 – 7.

［8］李光远，李运来. 南水北调对北京地表水供水体系的影响及对策——以官厅、密云两大水库为例［J］. 中国水利，2008（5）：47 – 49.

［9］周昕薇. 基于3S技术的北京湿地动态监测与评价方法研究［D］. 北京：首都师范大学，2006.

［10］李运来. 南水北调对北京供水体系的影响及对策［J］. 中国建设信息（水工业市场），2009（Z1）：31 – 33，28.

［11］杨毅. 谈工程水利向资源水务转变——以密云官厅两大供水体系为例［J］. 北京水务，2006（6）：11 – 14.

［12］张彤. 缺水对北京市社会经济可持续发展的影响分析［J］. 北京水利，2004（1）：8 – 9.

［13］吴正. 浅谈我国北方地区的沙漠化问题［J］. 地理学报，1991，46（3）：266 – 274.

[14] 《中国荒漠化（土地退化）防治研究》课题组. 中国荒漠化（土地退化）防治研究 [M]. 北京：中国环境科学出版社，1998.

[15] 朱震达，刘恕，邸醒民. 中国的沙漠化及其治理 [M]. 北京：科学出版社，1989.

[16] 张浩，余军，王锋，等. 陕西省荒漠化、沙化土地监测与动态变化分析 [J]. 西北林学院学报，2015（1）：184 – 188.

[17] 周昕薇，宫辉力，赵文吉，等. 北京地区湿地资源动态监测与分析 [J]. 地理学报，2006（6）：654 – 662.

[18] 付志茹，李文雯，张韦，等. 天津七里海湿地水质质量现状分析与评价 [J]. 河北渔业，2014，11（5）：15 – 22.

[19] 刘红玉，林振山，王文卿. 湿地资源研究进展与发展方向 [J]. 自然资源学报，2009，24（12）：2204 – 2212.

[20] 徐洪. 城市湿地资源评价和生态系统服务价值研究 [D]. 武汉：中国地质大学，2013.

[21] 郄瑞卿，关侠，鄢旭久，等. 基于自组织神经网络的耕地自然质量评价方法及其应用 [J]. 农业工程学报，2014，30（23）：298 – 305.

[22] 吕永利，薛彦兵，于振鹏，等. 图像分割在荒漠化治理效果评测中的应用 [J]. 天津理工大学学报，2007，23（3）：5 – 7.

[23] 顾丽，王新杰，龚直文，等. 北京湿地景观监测与动态演变 [J]. 地理科学进展，2010（7）：789 – 796.

[24] 徐进勇，张增祥，赵晓丽，等. 2000—2012 年中国北方海岸线时空变化分析 [J]. 地理学报，2013，68（5）：651 – 660.

[25] 谭秀辉. 自组织神经网络在信息处理中的应用研究 [D]. 太原：中北大学，2015.

[26] 章文波，符素华，刘宝元. 目估法测量植被覆盖度的精度分析 [J]. 北京师范大学学报（自然科学版），2001，37（3）：402 – 408.

[27] ZHANG X F, LIAO C H, LI J, et al. Fractional vegetation cover estimation in arid and semi – arid environments using HJ – 1 satellite hyperspectral data [J]. International Journal of Applied Earth Observation and Geoinformation, 2013（21）：506 – 512.

[28] JING X, YAO W Q, WANG J H, et al. A study on the relationship between dynamic change of vegetation coverage and precipitation in Beijing's mountainous areas during the last 20 years [J]. Mathematical & Computer Modelling, 2011（54）：1079 – 1085.

[29] FAN W, LI D, LIU Y, et al. Using vegetation indices and texture measures to estimate vegetation fractional coverage（VFC）of planted and natural forests in Nanjing city, China [J].

Advances in Space Research, 2013, 51 (7): 1186 – 1194.

[30] YANG X C, XU B, JIN Y X, et al. Remote sensing monitoring of grassland vegetation growth in the Beijing – Tianjin sandstorm source project area from 2000 to 2010 [J]. Ecological Indicators, 2015 (51): 244 – 251.

后　记

　　"绿水青山就是金山银山"是习近平总书记对于国家发展的科学论断，该论断指出了发展经济与保护自然资源及生态环境是和谐一致的。京津地区是我国重要的经济发展区，在京津地区经济高速发展的同时，好好研究该地区的自然资源及生态环境的现状与变化很有必要。近年来，我国遥感技术飞速发展，这也为大范围进行自然资源及生态环境调查提供了技术保障。

　　从2015年开始，我们科研团队就基于"全国自然资源遥感综合调查与信息系统建设"项目开展了京津地区的自然资源及生态环境遥感调查。我们利用多期高分辨率卫星数据，系统开展了京津地区耕地、园地、林地、草地、其他土地及地表水等专题因子的遥感综合调查工作，分析了京津地区生态环境状况和动态变化规律，为京津地区的发展提供了基本信息和参考数据。本书是上述工作成果的集中体现。

　　在本书即将付梓之际，我的思绪不禁又飞回到和团队一起出野外踏勘和验证的辛苦日子。虽然每天舟车劳顿，但是当亲眼看到研究区这几年的自然资源及生态环境确实在向积极的方向发展，我们心中也都充满欣慰之情。在写作本书时，我真切感受到了我们工作的意义。

　　在此也感谢每一位项目成员辛勤细致的工作，本书的问世是我们一起努力的成果。

詹骞

2021 年 11 月

于中国地质大学（北京）